9801 : 9
8712 : 4
126
5376

593 729 – 34 256

5 243 · 32
167 776
14 · 87
C. F. Gauß

DAS HABEN WIR ALLES GELERNT!

Zahlen bis 1000

1

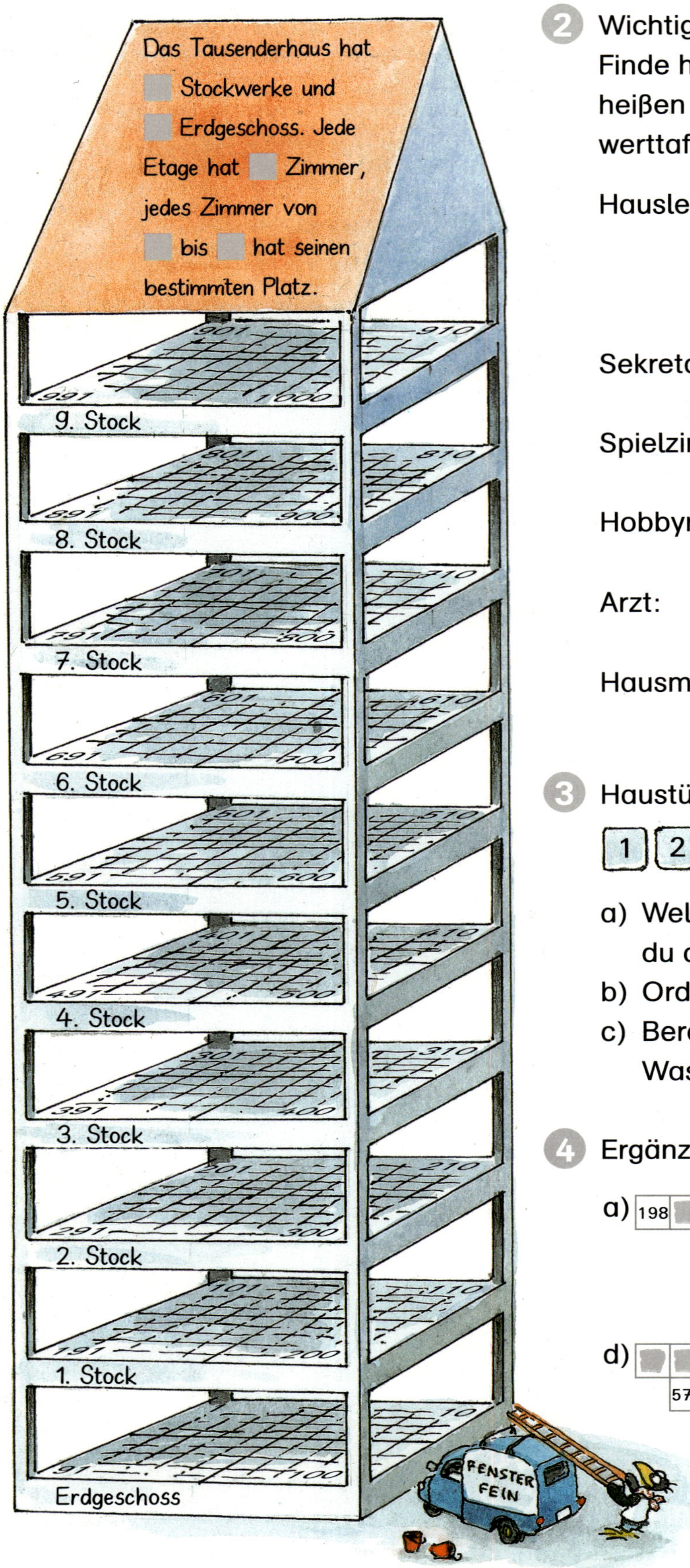

2 Wichtige Zimmernummern
Finde heraus, wie die Zimmernummern heißen und trage die Zahlen in eine Stellenwerttafel ein.

Hausleitung:

H	Z	E
4	☐	☐

Sekretariate:

Spielzimmer:

H	Z	E
1	0	5

E	H	Z
1	5	0

Hobbyräume:

H	E	Z
6	0	7

Z	H	E
6	7	0

Arzt: neunhundertsiebenundachtzig

Hausmeister: sechshundertvierundfünfzig

3 Haustür-Code

1 2 3

a) Welche dreistelligen Zahlen kannst du aus diesen 3 Ziffern bilden?
b) Ordne die Zahlen nach ihrer Größe.
c) Berechne die Quersummen. Was stellst du fest?

4 Ergänze die fehlenden Zahlen.

a) 198 ☐ 200

b) 40, ☐ ☐, 60

c) ☐ ☐, ☐ ☐, 464 ☐

d) ☐ ☐ ☐, 576 ☐, ☐

e) ☐ 990, ☐ ☐

f) ☐ ☐, 891 ☐

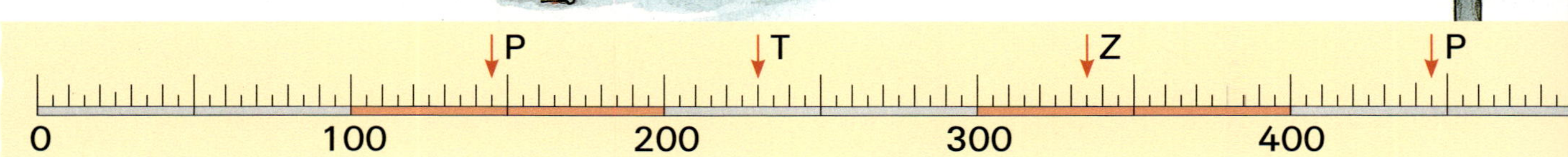

5 a) Schreibe die Zahlen der farbigen Felder in dein Heft.
b) Erfinde eigene Muster für andere Stockwerke.

Stockwerk: 4

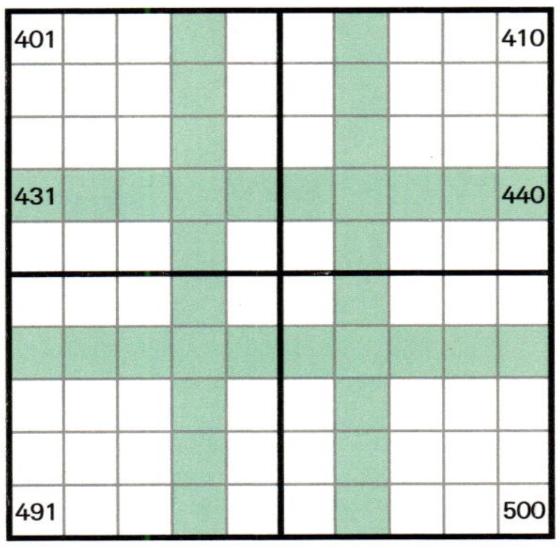

Stockwerk: ■

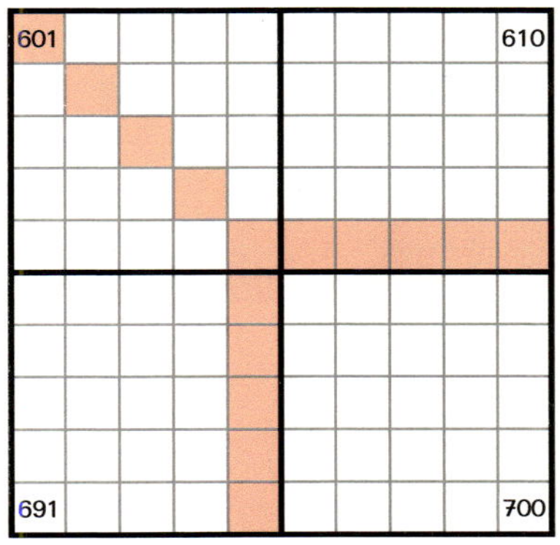

Stockwerk: ■

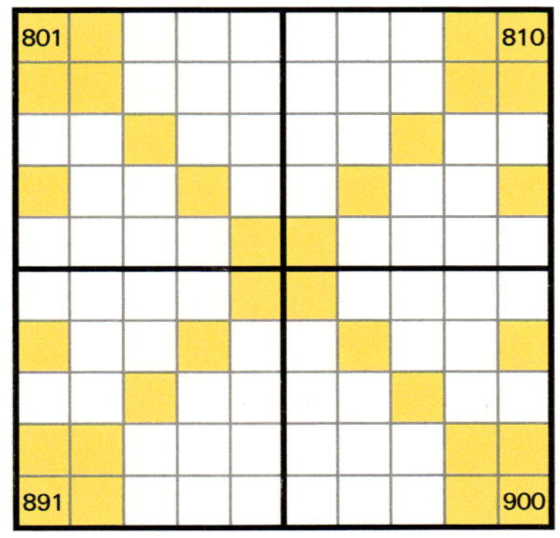

6 a) Notiere die Zimmernummern der Notausgänge.
b) Erfinde eigene Pläne für andere Stockwerke.

Stockwerk: ■

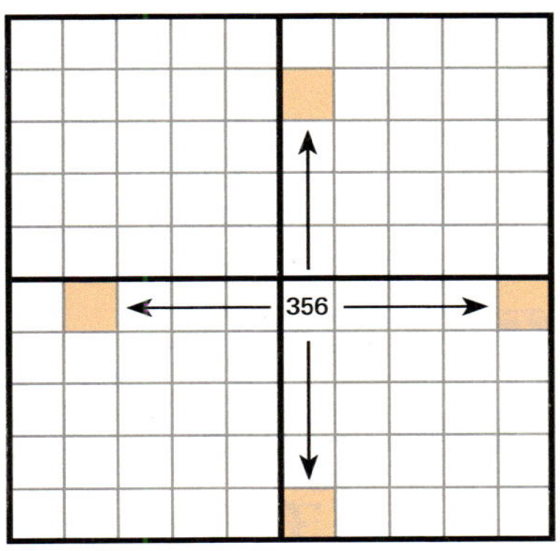

Stockwerk: ■

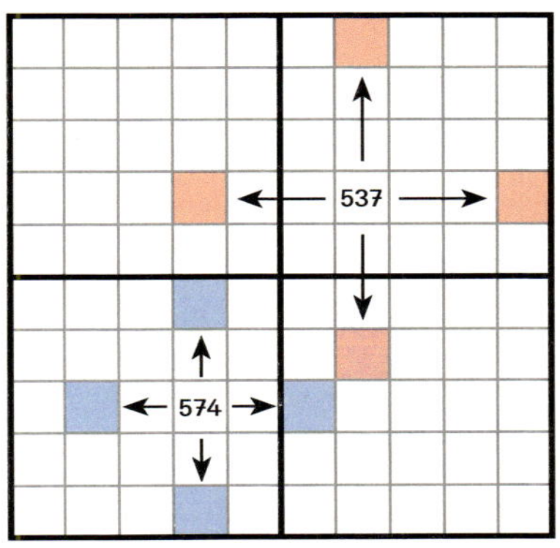

Stockwerk: ■

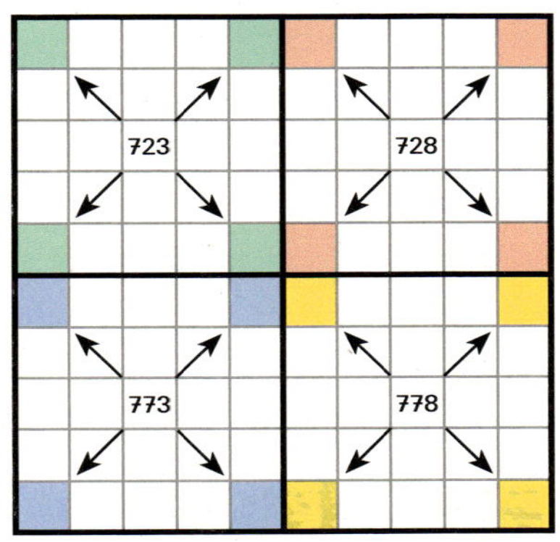

7 Wie geht es weiter? Setze die Zahlenfolgen fort.

a) 999, 899, 799, …, 99
b) 606, 616, 626, …, 696
c) 80, 160, 240, …, 800
d) 301, 312, 323, …, 400
e) 300, 289, 278, …, 201
f) 881, 872, 863, …, 809

8 a) Suche diese Parkplätze.
Die Buchstaben ergeben ein Lösungswort.

b) Finde zu jeder Zahl Nachbarzehner und Nachbarhunderter.

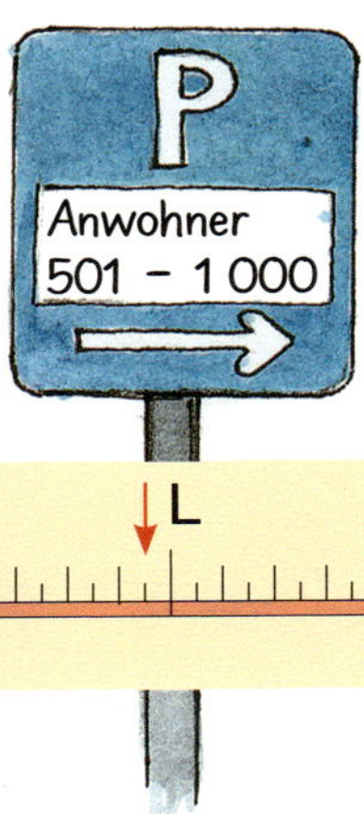

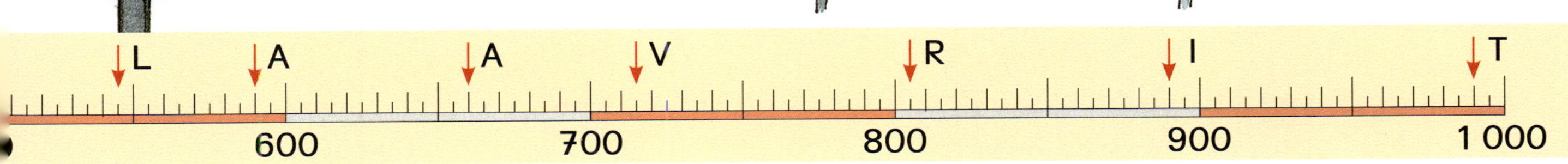

Rechnen bis 1000

1 Wie viel Geld haben die Kinder gelegt? *Amelie: 10 € + ■ € + ... = ■ €*

Amelie — Joscha — Carlotta — Justus — Nasha

2 Joschas Opa hat 3 verschiedene Geldscheine in seiner Brieftasche. Wie viel Geld kann das sein?

5	10	20	50	100	200	500	Summe
x	*x*	*x*					*35 €*

3 a) Ergänze bis 500.

100 + ■ = 500

100	200	300	400
150	250	350	450
170	285	395	500

b) Ergänze bis 1000.

200 + ■ = 1 000

200	400	600	800
250	450	650	950
370	555	865	999

4 a)

111 + 200	333 − 200
111 + 20	333 − 20
111 + 2	333 − 2
222 + 300	444 − 300
222 + 30	444 − 30
222 + 3	444 − 3

b)

420 + 260	750 − 350
430 + 250	750 − 360
440 + 240	750 − 365
458 + 270	746 − 346
358 + 370	646 − 247
258 + 470	546 − 147

5 Rechne geschickt!

a)

256 + 29	523 + 38
365 + 29	447 + 48
780 + 19	881 + 18

Wie rechnest du?

b)

183 − 9	235 − 8
183 − 19	214 − 18
183 − 39	756 − 28

6 Triff die 999! *794 + 206 − 1 = ■*

a) 794, 1, 206

b) 100, 888, 11

c) 19, 1 000, 20

d) 650, 245, 104

e) 750, 319, 70

1 Wie viel Geld haben die Kinder gelegt? Lukas: 5 · ■ € = ■ €

Lukas

Nana

Melina

Niklas

Jakob

2

a)		b)		c)
2 · 5	3 · 3	40 : 8	45 : 9	33 : 5 = ■ R ■
2 · 50	3 · 30	400 : 80	450 : 90	304 : 5
2 · 500	3 · 300	400 : 8	450 : 9	305 : 5
2 · 3	4 · 2	50 : 5	56 : 8	330 : 50
2 · 30	4 · 20	500 : 50	560 : 80	340 : 60
2 · 300	4 · 200	500 : 5	560 : 8	350 : 70

3 Halbieren und Verdoppeln

a)	b)	c)
6 · 30	4 · 90	8 · 60
3 · 30	2 · ■	■ · 60
180 : 30	360 : 90	480 : 60
90 : 30	■ : ■	■ : ■

4 Verwandte Aufgaben

a)	b)	c)
7 · 8	7 · 80	8 · 70
8 · 7	80 · 7	■ · 8
56 : 8	■ : 80	■ : 70
56 : 7	■ : 7	■ : 8

5

a)
1 · 20
2 · 30
3 · 40
4 · ■

b)
10 · 100
9 · 90
8 · 80
7 · ■

6

a) Finde viele Multiplikationsaufgaben.

b) Finde viele Divisionsaufgaben.

280 = 70 · ■ 280 : 70 = ■

280 360 180 420 240

7 Urlaubsgrüße

Aus seinem Urlaub schickt Jan lieber SMS als Postkarten.

a) Seine Schwester Mareike leiht ihm ihr Handy für 3 SMS.

b) Mareike will mit ihrem Handy Fotos verschicken. Bevor Jan die 3 SMS schrieb, waren noch 128 ct Guthaben auf ihrer Telefonkarte.

c) Oma freut sich mehr über Postkarten.

Ansichtskarten		Panoramakarten	
1 Karte:	30 ct	1 Karte:	70 ct
10 Karten:	■ €	10 Karten:	■ €

Jans Mutter nimmt 7 Ansichtskarten und 4 große Panoramakarten.

d) Die Briefmarken zu 45 ct pro Stück bezahlt Jans Vater so: 

Überschlage, wie viele er gekauft hat.

Halbschriftlich multiplizieren

1 Miriam zeigt ihren Freunden ihre Figurensammlung. Es stehen immer 16 Figuren nebeneinander. Wie viele Figuren hat sie insgesamt?

2

a)		b)		c)		d)		e)		f)	
4 · 13	7	3 · 19	12	5 · 15	12	15 · 8	3	15 · 4	6	16 · 5	8
6 · 12	9	5 · 17	13	9 · 11	18	17 · 9	9	17 · 7	11	15 · 7	6
5 · 14	7	7 · 14	17	7 · 16	4	13 · 8	5	13 · 6	15	18 · 4	9
3 · 16	12	8 · 12	15	4 · 19	13	16 · 9	9	19 · 9	9	17 · 6	3
8 · 14	4	9 · 13	9	5 · 18	9	19 · 6	6	13 · 7	10	18 · 3	9

3

a)		b)		c)	
4 · 10	2 · 18	4 · 12	8 · 6	7 · 18	17 · 8
4 · 11	3 · 17	5 · 12	10 · 6	7 · 17	17 · 7
4 · 12	4 · 16	6 · 12	12 · 6	7 · 16	17 · 6
4 · 13	5 · 15	7 · 12	14 · 6	7 · 15	17 · 5

4

a)

10er-Reihe	10	20	30	
2er-Reihe	2	4	6	
12er-Reihe	12	24		

b)

10er-Reihe	10	20	30	
3er-Reihe	3	6		
13er-Reihe	13			

c) Schreibe auch die 11er-Reihe, die 15er-Reihe und die 17er-Reihe.

5

TRAX
Ich verliere manchmal Federn. Immer 3 hänge ich zusammen auf. Ich konnte schon 12-mal Federn aufhängen.

FRIEDERIKE
In meinem Stickeralbum passen immer 19 Bilder auf eine Seite. 6 Seiten habe ich schon voll.

PHILIPP
Ich sammle Autos. Auf meinen 8 Regalbrettern stehen je 13 Autos.

HEIKE
Ich habe viele Sammelkarten. Immer 15 binde ich mit einem Band zusammen. 7 Stapel habe ich schon.

1 Für das Tierheim wurden 8 Kartons Katzenfutter gespendet.
In einem Karton sind 24 Dosen.

8 · 24 = ▢
8 · 20 = ▢
8 · 4 = ▢

8 · 24 = ▢
160 + 32 = ▢

2

a)		b)		c)	
7 · 36	9	3 · 75	9	7 · 54	18
5 · 62	4	8 · 64	8	8 · 88	11
4 · 77	11	6 · 35	3	7 · 38	14
6 · 78	18	9 · 91	18	9 · 46	9
4 · 42	15	7 · 83	14	8 · 56	16

d)		e)	
36 · 5	9	82 · 6	15
27 · 9	9	68 · 7	17
97 · 3	12	85 · 6	6
99 · 4	18	36 · 9	9
66 · 5	6	57 · 8	15

3

a)

3 · 32	96 · 7
3 · 33	93 · 7
3 · 34	90 · 7
3 · 35	87 · 7

b)

10 · 4	8 · 10
21 · 4	8 · 21
32 · 4	8 · 32
43 · 4	8 · 43

c)

0 · 24	12 · 0
1 · 24	12 · 2
2 · 24	12 · 4
3 · 24	12 · 6

4 Rechne geschickt.

a)	b)	c)
29 · 7	9 · 88	5 · 19
79 · 6	2 · 89	49 · 8
59 · 9	8 · 29	7 · 98
49 · 8	9 · 28	39 · 6
69 · 7	4 · 68	3 · 78

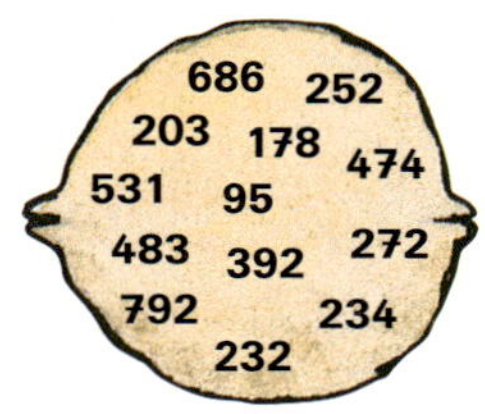

5 Ein Hund sollte am Tag dreimal ausgeführt werden.
Jeder Gang dauert 25 Minuten.

a) Anika geht mit ihrem Hund dreimal am Tag.
b) David geht viermal am Tag mit seinem Hund.
c) Wie viele Minuten gehen Anika und David jeweils in einer Woche mit ihren Hunden?

6 Anette macht Ferien auf dem Ponyhof.
Jeder Ausritt dauert 45 min.

a) Am Donnerstag reitet sie zweimal aus.
b) Am Samstag reitet sie dreimal aus.
c) Am Sonntag sind 6 Kinder nacheinander geritten.

Halbschriftlich dividieren

1

2 Wie rechnest du?

a)	b)	c)	d)	e)
48 : 4	77 : 7	75 : 5	51 : 3	78 : 6
52 : 4	91 : 7	85 : 5	63 : 3	84 : 6
60 : 4	84 : 7	95 : 5	84 : 3	90 : 6

3

a)	b)	c)	d)	e)	f)
12 : 3	32 : 2	96 : 8	34 : 2	99 : 9	92 : 4
24 : 3	64 : 2	96 : 6	68 : 4	99 : 3	98 : 7
48 : 3	56 : 4	96 : 2	42 : 3	33 : 3	76 : 4
96 : 3	72 : 4	96 : 1	72 : 6	66 : 3	65 : 5

4 Meike bastelt sich ein Quartettspiel. Bei welcher Anzahl von Karten geht das Spiel ohne Rest auf? Wie viele Quartette haben diese Spiele?

44 52 50 86 64 90 68 72 96 36

5

1

2 Wie rechnest du? Rechne auch die Probe.

a) 455 : 5	b) 328 : 8	c) 248 : 4	d) 414 : 9	e) 511 : 7	f) 228 : 6
470 : 5	344 : 8	272 : 4	666 : 9	343 : 7	432 : 6
495 : 5	376 : 8	316 : 4	837 : 9	448 : 7	528 : 6

3

a) 64 : 4	b) 96 : 6	c) 688 : 8	d) 264 : 4	e) 999 : 9	f) 510 : 6
128 : 4	192 : 6	688 : 4	528 : 8	999 : 3	511 : 7
256 : 4	384 : 6	688 : 2	231 : 3	333 : 3	512 : 8
512 : 4	768 : 6	688 : 1	462 : 6	666 : 3	513 : 9

4 Rechne geschickt.

a) 57 : 3	b) 105 : 5
84 : 4	72 : 4
95 : 5	87 : 3
114 : 6	152 : 8
248 : 8	171 : 9
38 : 2	147 : 7

5 a) Anna legt immer 7 Spielkarten in eine Reihe.
Sie hat 133 Karten.

b) Leo stapelt immer 4 Karten zu einem Quartett.
Er hat 76 Karten.

6

Multiplizieren und dividieren mit Kommazahlen

1

a) Tine kauft 5 Postkarten zu je 0,30 € und Briefmarken dazu.
Wie viel muss sie bezahlen?

5 · 0,30 € = ☐ €
5 · 0,45 € = ☐ €

5 · 30 ct = ☐ ct
5 · 45 ct = ☐ ct

  1 , 5 0 €
+ 2 , 2 5 €
☐ , ☐☐ €

b) Lea kauft 3 runde Postkarten ohne Briefmarken.
c) Salik möchte 4 Postkarten verschicken. Vergleiche verschiedene Preise.
d) Emma hat 4,50 € für Postkarten mit Briefmarken bezahlt.
Was könnte sie gekauft haben? Probiere.

2

Sonderangebote

(einfache Karte)	4 Karten	1,00 €
(große Karte)	5 Karten	3,00 €
(runde Karte)	4 Karten	3,00 €
(Schiffskarte)	6 Karten	3,30 €

a) Max kauft 4 runde Karten im Sonderangebot.
Was kostet dann eine Karte?
3,00 € : 4 = ☐
Vergleiche auch die anderen Sonderangebote mit den Preisen oben.

300 ct : 4 = ☐ ct
280 ct : 4 = ☐ ct
20 ct : 4 = ☐ ct

b) Oskar kauft für 3,90 € Schiffspostkarten.
c) Julia kauft 5 große und 2 einfache Karten.
d) Stine kauft nur im Sonderangebot. Sie möchte 10 Karten mitnehmen.
e) Paul hat 5 €. Er möchte 6 Karten mit Briefmarken zu 0,45 € verschicken.
Finde verschiedene Möglichkeiten.

3

a)	b)
5 · 0,70 €	0,50 € · 8
4 · 0,90 €	0,30 € · 4
8 · 0,60 €	0,80 € · 7
7 · 0,40 €	0,70 € · 9

4

a)	b)
7,20 € : 9	5,40 € : 6
1,80 € : 3	6,40 € : 8
4,20 € : 6	4,90 € : 7
3,00 € : 5	3,20 € : 4

5

☐ (blau) · ☐ (gelb) = ☐ (grün) ☐ (grün) : ☐ (gelb) = ☐ (blau)

1 Qs 13

a)

b) 321 + 313 | 413 + 131 | 632 + 281 | 508 + 342

c) 748 − 105 | 796 − 126 | 707 − 352 | 195 − 47

d) 398 + 227 | 586 + 318 | 43 + 897 | 765 + 58

e) 534 − 188 | 920 − 115 | 588 − 98 | 401 − 307

2 Schreibe untereinander und löse. Immer 3 Fische haben dasselbe Ergebnis.

a)
- 236 + 407
- 512 + 392 + 23
- 369 + 558
- 262 + 381
- 81 + 818 + 28
- 28 + 615
- 49 + 209 + 638
- 769 + 127
- 126 + 247 + 498 + 16 + 9

b)
- 739 − 385
- 723 − 495
- 652 − 298
- 377 − 222
- 776 − 548
- 1 000 − 845
- 695 − 341
- 930 − 702
- 504 − 349

3

□ □ □	7 1 5	2 0 □	□ □ □	6 4 8	9 0 9
+ 2 3 6	+ 1 □ 3	+ □ □ 5	− 5 5 0	− 5 □ 7	− □ □ 9
5 1 0	□ 0 □	5 4 7	3 8 3	□ 3 □	6 4 □

4

ANJA
Verdopple 111. Addiere 333 zum Ergebnis.

CARSTEN
Subtrahiere von 1000 die Zahl 887. Addiere 667 zum Ergebnis.

JANEK
Addiere 311 und 489. Subtrahiere 467 vom Ergebnis.

Findest du eigene Zahlenrätsel?

5

a)
101 + 199
202 + 198
303 + 197
□ + 196

b)
1 000 − 999
900 − 888
800 − 777
□ − 666

1 Die an einer Aufgabennummer angegebene Quersumme dient zur Lösungskontrolle aller Ergebnisse dieser Aufgabe.

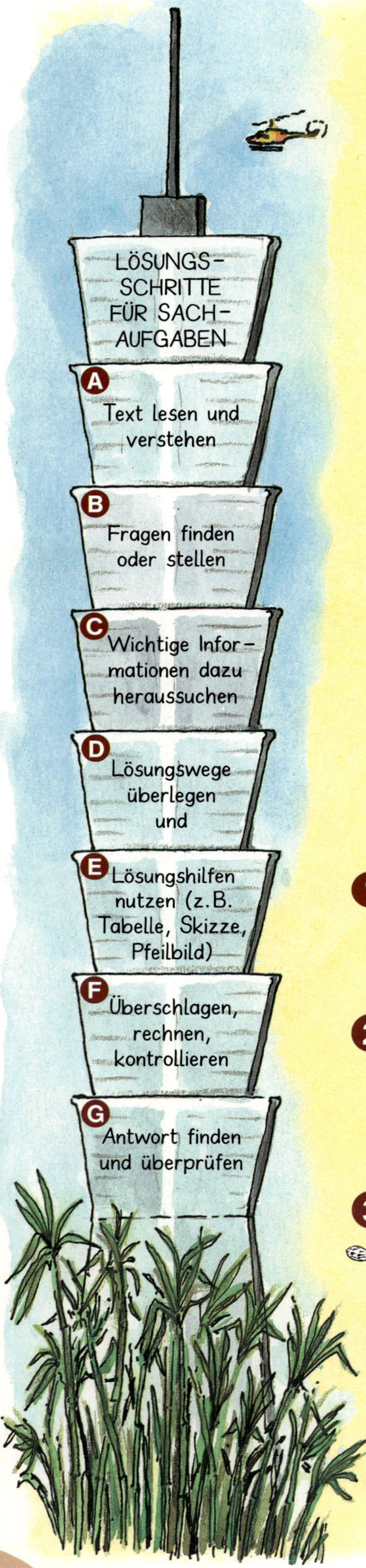

Das höchste Haus der Welt: Taipeh 101 überragt alles

Taiwan: Nachdem Bauarbeiter dem Gebäude die 60 Meter lange Spitze aufgesetzt haben, ist *Taipeh 101* mit 508 Metern das höchste Haus der Welt. Der Bambus diente als Vorbild für die Gliederung des Turms in acht große Abschnitte, die jeweils acht Stockwerke beherbergen. Denn für die Chinesen ist die Zahl acht eine Glückszahl. Insgesamt hat das Gebäude 101 Stockwerke und wird deshalb *Taipeh 101* genannt.

Bisher galten die *Petronas-Twin-Towers* in Kuala Lumpur (Malaysia) als das höchste Gebäude der Welt. Die Zwillingstürme sind 452 Meter hoch und haben jeweils 88 Stockwerke.

Im *Taipeh 101* gibt es 63 Fahrstühle, etwa die Hälfte davon als Doppeldecker mit zwei Kabinen übereinander. Die *Petronas-Twin-Towers* haben 29 Doppeldecker High-Speed-Aufzüge in jedem Zwillingsturm.

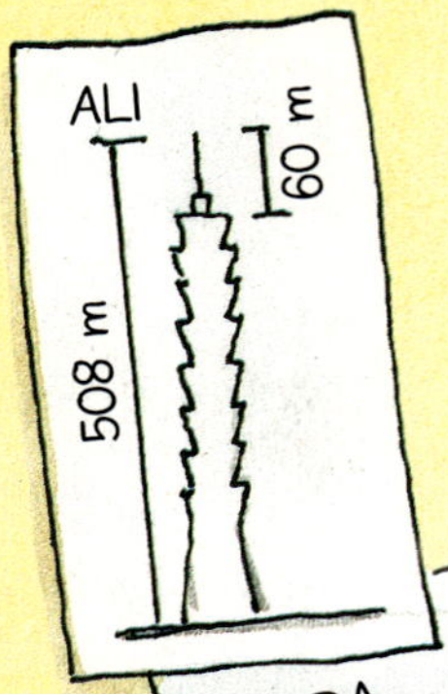

KATHARINA

Fahrstühle	normal	Doppeldecker	gesamt
Petronas	0		
Taipeh			63

LAURA
Ü: 500 m – 450 m =

FRAGEN
a) Wie viele Meter ist Taipeh 101 höher als die Petronas-Twin-Towers?
b) Welcher Wolkenkratzer hat mehr Stockwerke? Wie viele mehr?
c) Wie hoch ist Taipeh 101 ohne Spitze (Dachhöhe)?
d) Wie viele Bauarbeiter waren beim Aufsetzen der Spitze des Taipeh 101 beschäftigt?
e) Wie viele Aufzüge gibt es in jedem Wolkenkratzer?

1 Welche Fragen bearbeiten die Kinder gerade? Erkläre, welchen Lösungsschritt sie aufgeschrieben haben.

2 Bearbeite alle Fragen vollständig. Welche kannst du aus dem Text beantworten, welche nicht?

3 **Taipeh 101 – nicht mehr lange das höchste Gebäude der Welt?**

Der Titel „Höchstes Bürogebäude der Welt" könnte dem Taipeh 101 schon bald wieder verloren gehen: In Shanghai wird ein Haus gebaut, das unbedingt das höchste Gebäude der Welt sein soll. Ursprünglich war einmal eine Höhe von 460 Metern geplant. Das neue World Trade Center in New York „Garden of the world" soll aber 541 Meter hoch werden. In Dubai wird an einem Wolkenkratzer gebaut, der 560 Meter hoch werden soll.

a) Stelle Fragen.
b) Überlege, wie du die Aufgaben lösen kannst.

4 Wolkenkratzer – die höchsten Gebäude der Welt

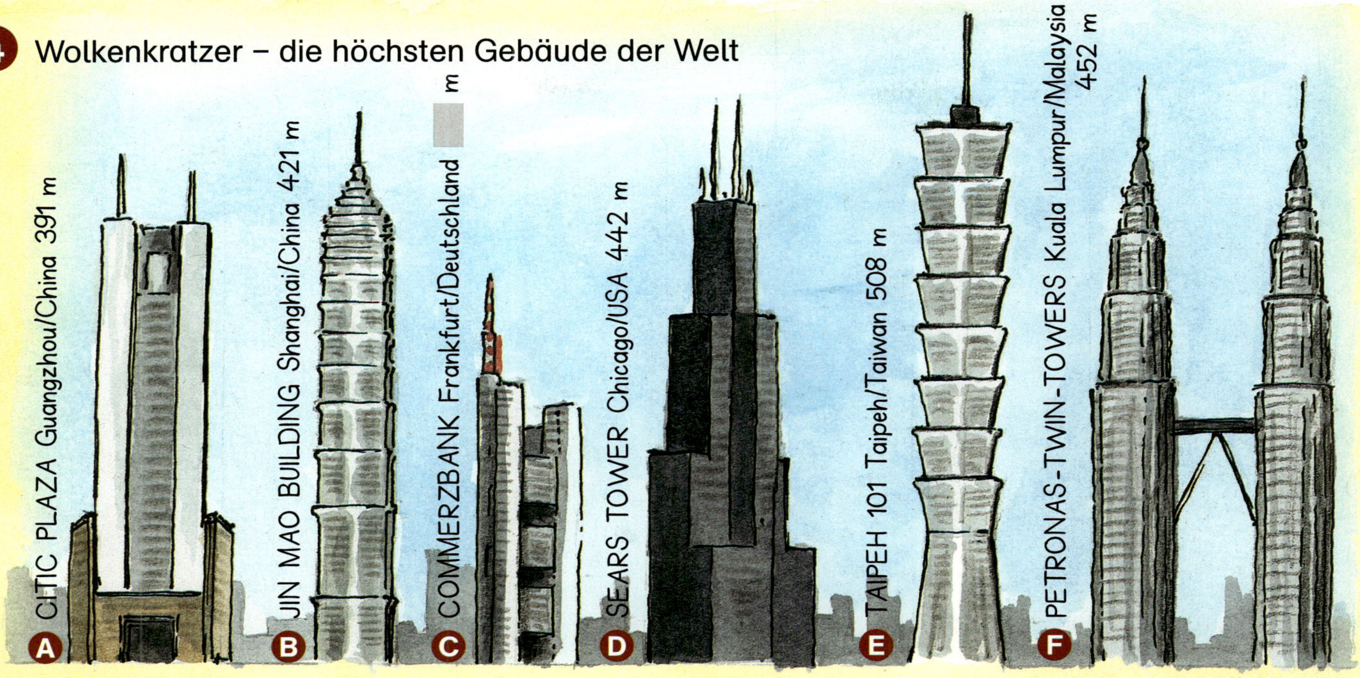

a) Ordne die Informationen zu den Wolkenkratzern in einer Tabelle.

	Name	Ort/Land	Höhe in m
A	Citic Plaza	___	___ m
B	___	___	___

b) Zeichne ein Diagramm.
1 cm soll 100 m Höhe entsprechen.

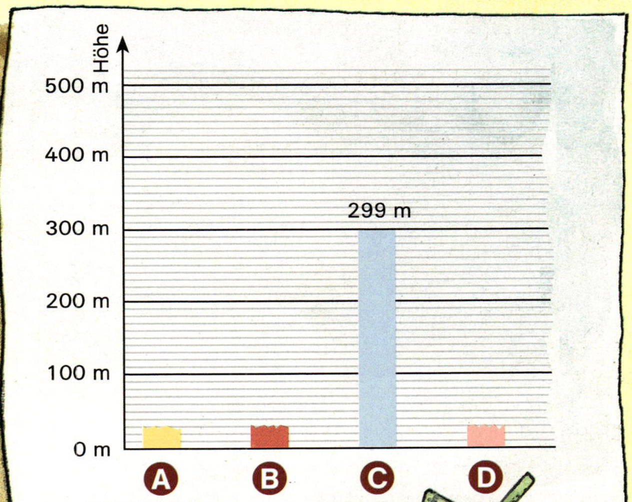

c) Finde heraus, wie hoch dein Schulhaus ist. Kannst du die Höhe in dein Diagramm eintragen?

5 Kinder vergleichen die Höhe von Wolkenkratzern.

a) Welche Wolkenkratzer sind es? Was stellen die Kinder fest?

b) Vergleiche noch andere Wolkenkratzer und hohe Gebäude deiner Umgebung.

JOSHUA
421 m + ___ m = 442 m
Der Sears Tower ist ___ m höher als das Jin Mao Building.

LILLI
  508 m
− 391 m
  ___ m

CAROLINA
452 m − ___ m = 442 m

Körper

1 Eileen untersucht.

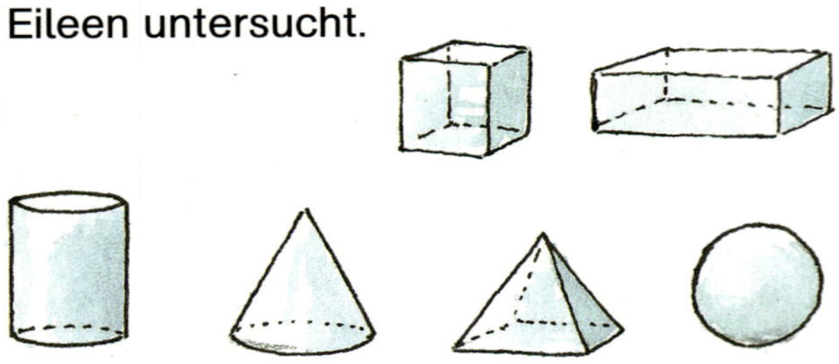

Anzahl	Würfel	Quader
Ecken	8	
ebene Flächen		
gewölbte Flächen		
gerade Kanten		
gekrümmte Kanten		

2 Ben beschreibt.

3 Mara stellt Quadermodelle her.

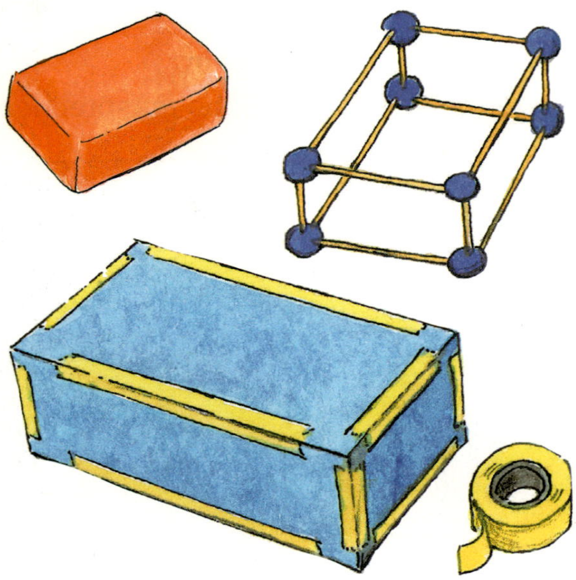

4 Sanni schneidet eine Schachtel entlang ihrer Kanten auf.
Es entsteht ein Quadernetz.

5 Lasse zerschneidet seine Knetmodelle. Welche Form haben die Schnittflächen?

a) 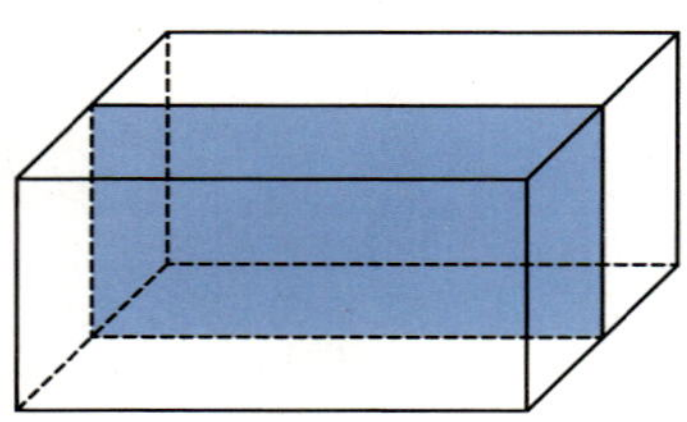

b) 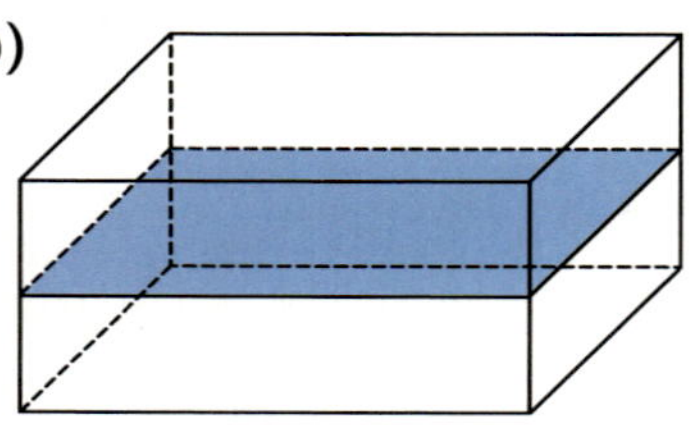

c) 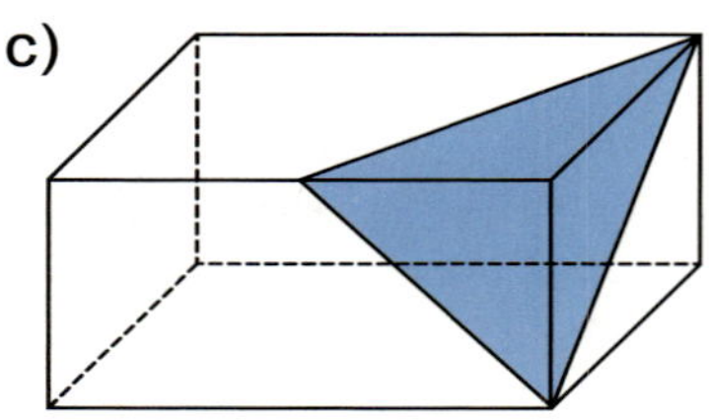

d) 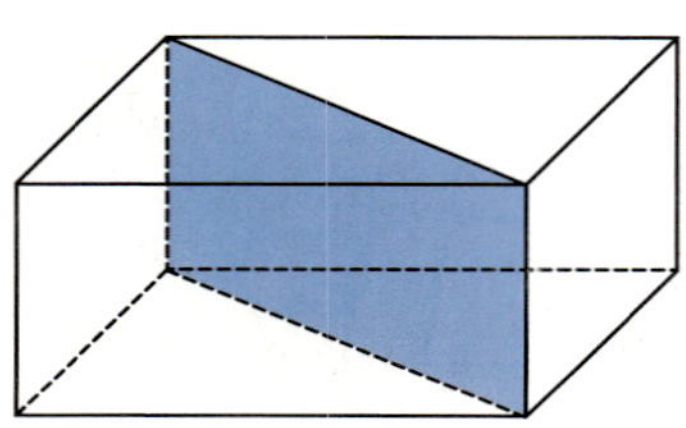

e) 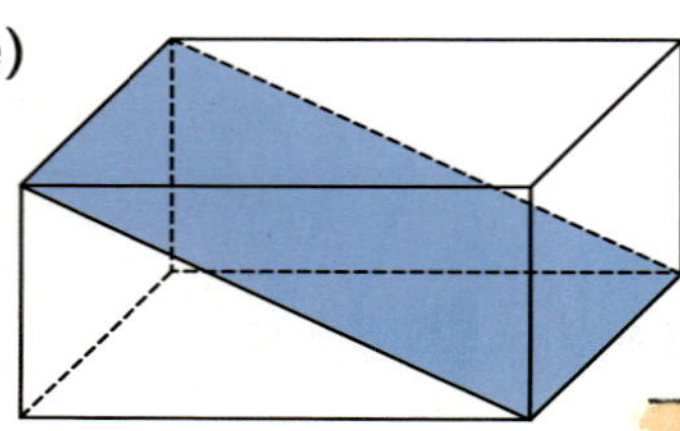

Quadernetze – Wege am Quader

1

a) Zeichne die Netze auf Karopapier. Überprüfe, ob es sich um Quadernetze handelt. Falte zuerst im Kopf. Trage dann die Buchstaben ein.

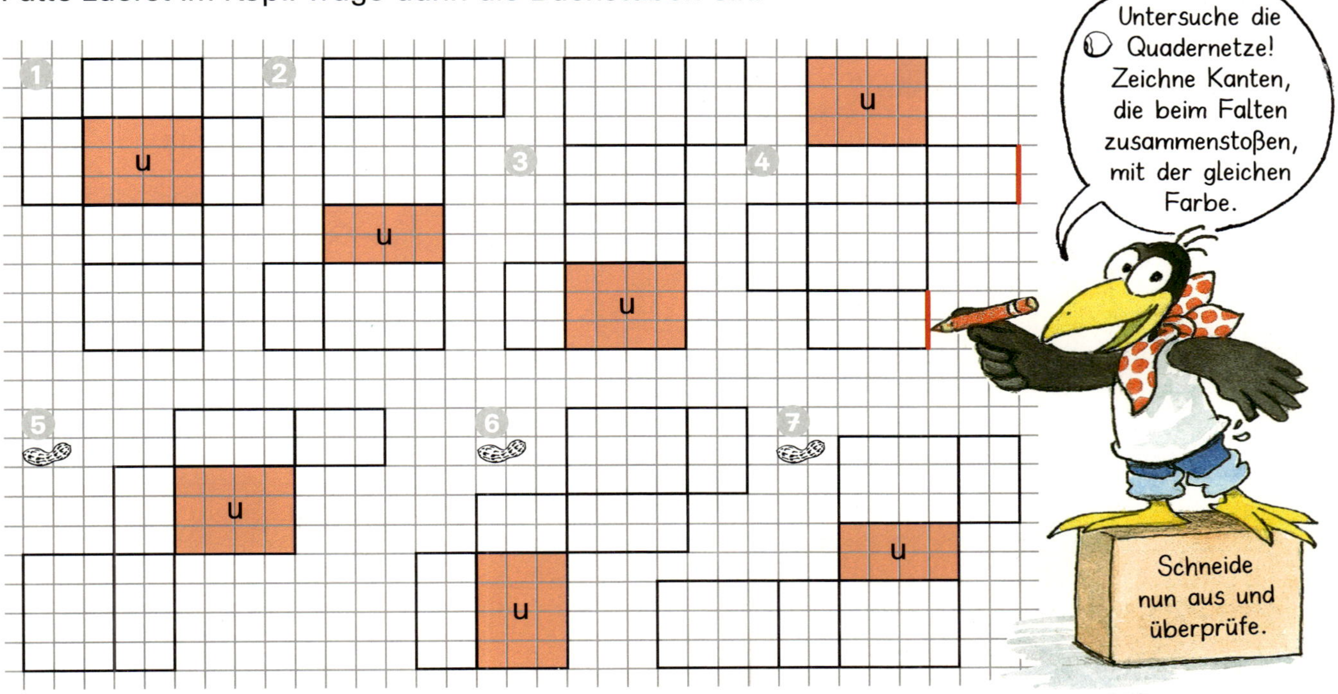

b) Denke dir 3 neue Quadernetze aus und zeichne sie auf ein kariertes Blatt Papier. Schneide die Netze aus und klebe sie mit Klebestreifen zu Quadern zusammen.

2

a) Ein Käfer will alle Quaderecken genau einmal erreichen.
- Wie lang ist der gekennzeichnete Weg von A nach B?
- Finde den kürzesten Weg von A nach B.
- Finde den längsten Weg von A nach B.

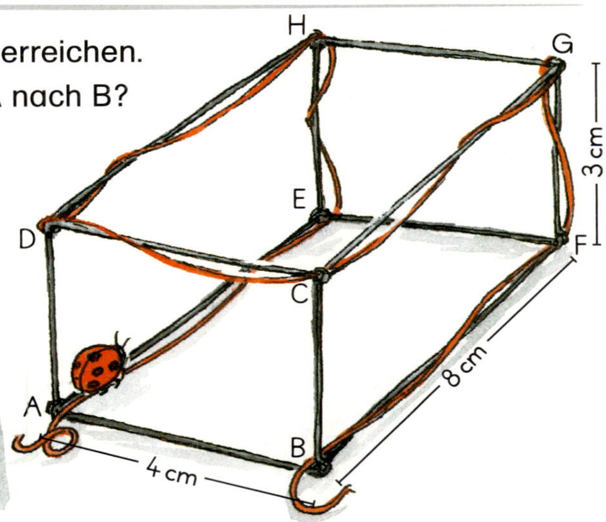

b) Der Käfer startet immer bei A.

Er krabbelt nach **o**ben – nach **r**echts – nach **h**inten – nach **u**nten – nach **l**inks.
Wo kommt er an?

Jetzt krabbelt er:
o – h – r – v – u – l.

Stelle deinem Partner weitere Aufgaben.

Quader kippen

1

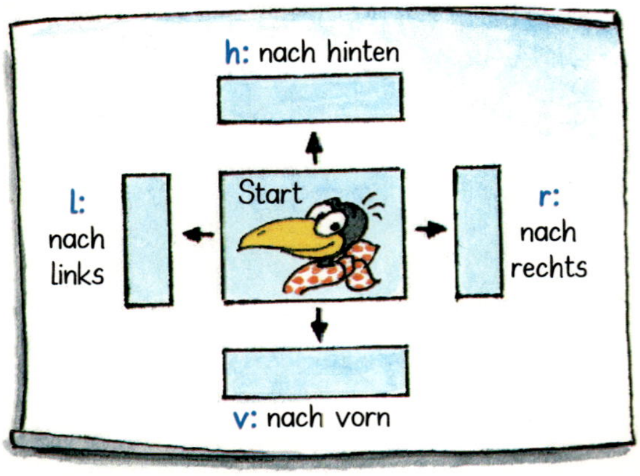

2 Kippe und beschreibe den Weg. Starte auf dem Rabenfeld. Welche Fläche liegt zum Schluss oben (Rabenfeld oder Rückseite)?

a)

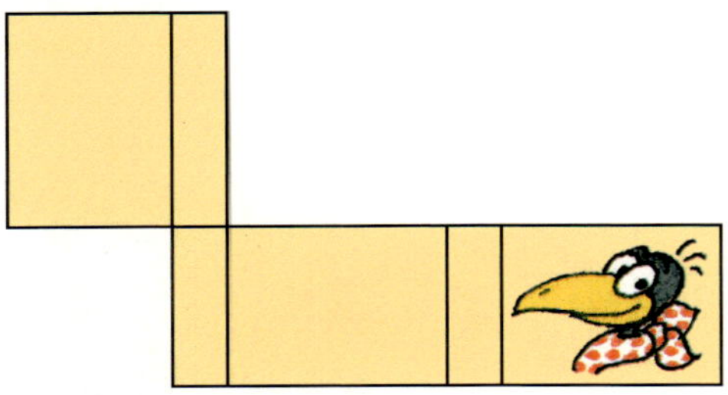

b)

c)

d) Kippe eine Streichholzschachtel 5-mal. Zeichne ihre Spur und schreibe den Weg auf. Zeige deinem Partner den Weg. Kann er damit die Spur zeichnen? Vergleiche.

3 Möglich oder unmöglich?

a)

b)

c)

4 Wie musst du kippen, um vom Raben zu den verschiedenen Zielfeldern zu gelangen? Schreibe auf.

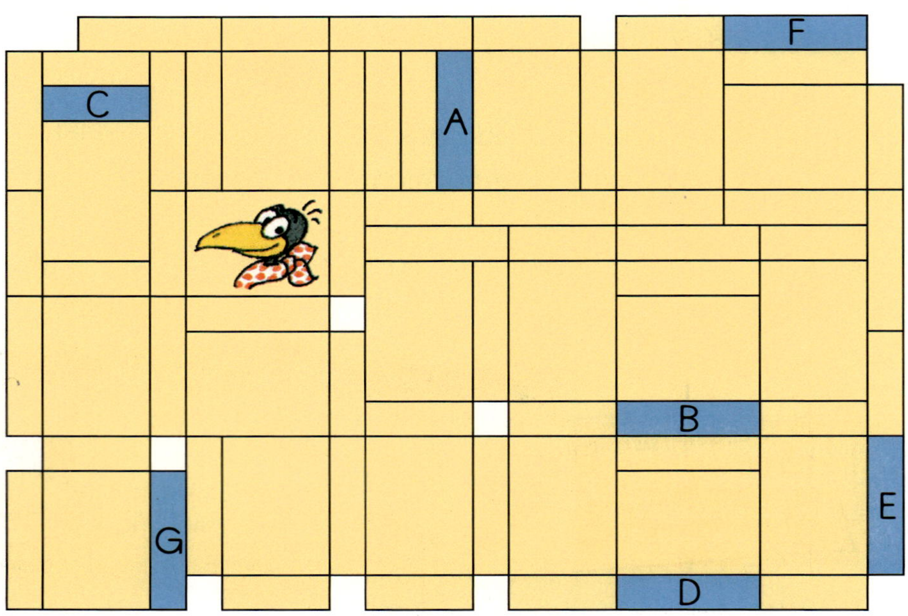

Bauen und schauen

1 Stelle 2 Streichholzschachteln auf, wie hier dargestellt.

a) Schaue von links wie Sanni und zeichne. Schaue dann von rechts wie Tim und zeichne wieder.

b) Schaue und zeichne auch von vorn, von hinten und von oben.

2 a) Stelle 2 Streichholzschachteln so auf, wie es die Abbildungen zeigen.

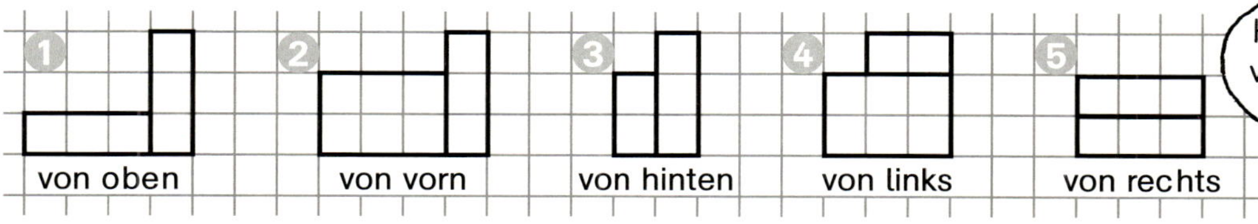

b) Zeichne zu jeder Abbildung auch die 4 anderen Ansichten.

3 Luisa und David füllen Würfel in Schachteln. Wie viele Würfel passen hinein?

4 a) Anna und Leon bauen Würfelberge. Aus wie vielen Würfeln sind sie zusammengesetzt?

① 

② 

③ 

④ 

b) Wie viele Würfel musst du mindestens hinzufügen, damit ein Quader entsteht?

Große Zahlen

1 Rekorde aus aller Welt

Größtes Passagierschiff
Im Frühjahr 2006 ging *die Freedom of the Seas* auf ihre erste Fahrt.
Als größtes Passagierschiff der Welt hat sie für 4370 Passagiere und Besatzungsmitglieder Platz.

Größter menschlicher Tausendfüßler
Insgesamt 2026 Menschen bildeten am 13. Juni 2001 in Nagoya (Japan) den weltweit größten menschlichen Tausendfüßler. Jeder Teilnehmer war an den Knöcheln fest mit seinem Vordermann verbunden.

Meiste gleichzeitige Zähneputzer
Insgesamt 2883 Personen putzten am 3. Februar 2001 in der Yuba City High School, Kalifornien (USA) gleichzeitig eine Minute lang ihre Zähne.

Eine Pyramide aus Eiskugeln
Die Carvel Corporation (USA) baute am 28. August 2002 in New York City aus 3894 Kugeln die größte Eiskugelpyramide der Welt.

Meiste Liegestütze in einer Stunde
Roy Berger (Kanada) schaffte am 30. August 1998 in Ottawa in einer Stunde 3416 Liegestütze.

Sackhüpf-Rekord
Am 11. Oktober 2002 nahmen in Zwolle (Niederlande) 2095 Schüler aus verschiedenen Schulen an einem Sackhüpfen-Rennen teil.

Findest du auch Zeitungsausschnitte mit Rekorden?

2 a)

10 000	1 000	100	10	1
Zehntausender 1 ZT = ▢ T	Tausender 1 T = ▢ H	Hunderter 1 H = ▢ Z	Zehner 1 Z = ▢ E	Einer 1 E

b) Suche aus den Zeitungsausschnitten die Rekordzahlen heraus.
Trage sie in eine Stellenwerttafel ein und schreibe sie verschieden auf.

T	H	Z	E
4	3	7	0

4T + 3H + 7Z + 0E
4000 + 300 + 70 + 0 = 4370
viertausenddreihundertsiebzig

1 Die Klasse 4b will herausfinden, wie viel 10 000 ist.
Mario nimmt eine Hundertertafel und überlegt, wie viele er davon für die Zahlen bis 10 000 braucht.

a) Wie viele Hundertertafeln braucht Mario?

b) Eine Hundertertafel ist oft 10 cm breit.
Wie lang wird der Streifen, wenn Mario solche Tafeln für alle Zahlen von 1 bis 10 000 nebeneinander legt?
Hier sind 3 mögliche Antworten. Welche ist richtig?
A: 1 Meter B: 5 Meter C: 10 Meter

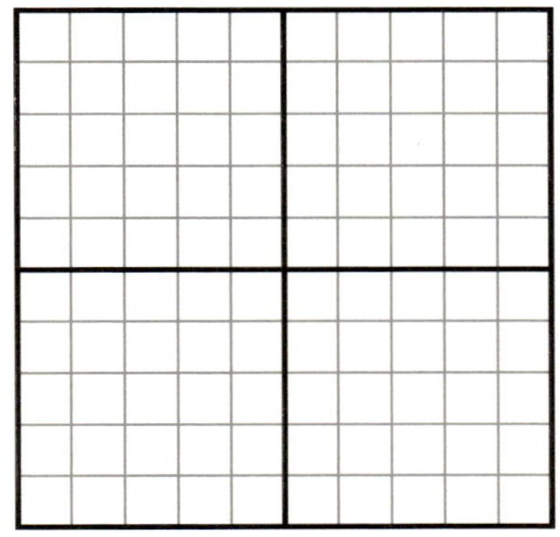

2 Julia überlegt auch, wie viel 10 000 ist. Sie nimmt ihr Rechenheft und fängt an, in jedes Kästchen einen Punkt zu malen.

Das hat Julia nach 5 Minuten geschafft.
Sie fragt sich:

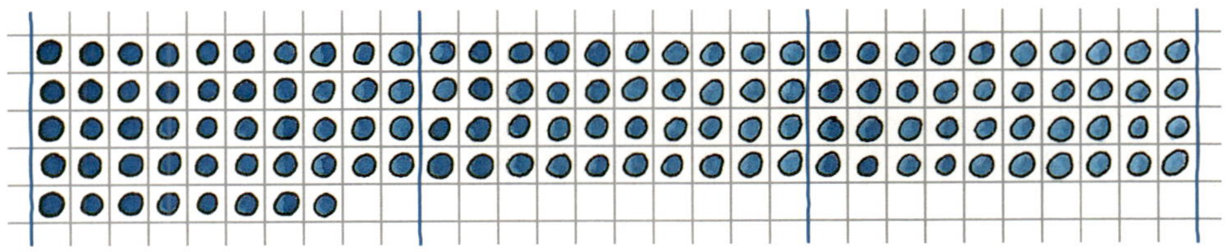

a) Wie viele Punkte habe ich auf einer Zeile?

b) Wie viele Punkte habe ich insgesamt gemalt?

c) Eine Seite hat 40 Zeilen. Wie viele Punkte passen darauf?

d) Wie viele Seiten brauche ich für 10 000 Punkte?

Wie viele Punkte schaffst du in 5 Minuten? Wie viele schafft eure ganze Klasse?

3 Das haben sich andere Schüler ausgedacht. Schätze zuerst. Überlege dann genau und entscheide dich für ein Ergebnis.

LINDA
Das Mathebuch hat 128 Seiten. Wie viele „Nussknacker" braucht man für 10 000 Seiten?
A: etwa 50
B: etwa 80
C: etwa 120

NINO
Eine Runde auf dem Sportplatz ist 400 m lang. Wie viele Runden sind 10 000 m?
A: 25
B: 14
C: 38

ANNEGRET
Meine Schrittlänge beträgt ungefähr 50 cm. Wie viele Meter weit komme ich mit 10 000 Schritten?
A: ungefähr 1 000 m
B: ungefähr 9 000 m
C: ungefähr 5 000 m

LAURA
In einer Tüte Gummibären (200 g) sind etwa 90 Stück. Wie viele Tüten ergeben ungefähr 10 000 Stück?
A: etwa 200
B: etwa 75
C: etwa 110

Denke dir selbst solche Aufgaben aus.

Zahlen bis 10 000

1

Wie viele Millimeterquadrate sind …

a) im kleinen Feld, b) im Streifen, c) im großen Feld?

2 Wie viele Millimeterquadrate sind es hier?

a) 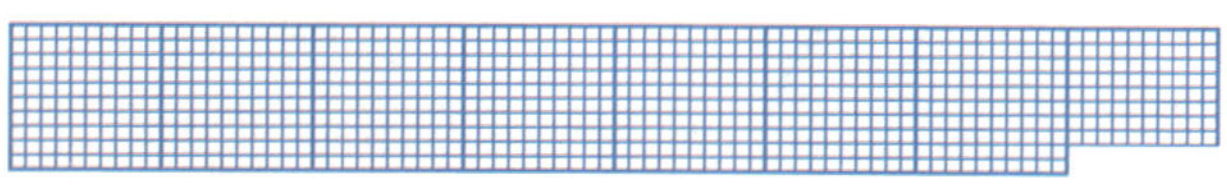

b) 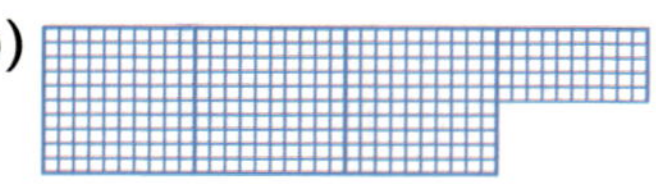

c) 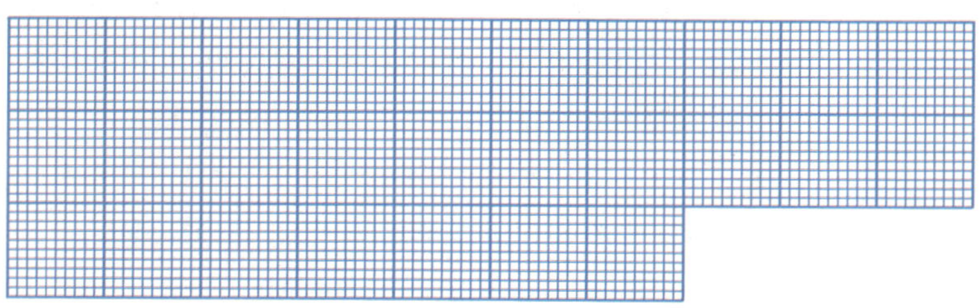

d) 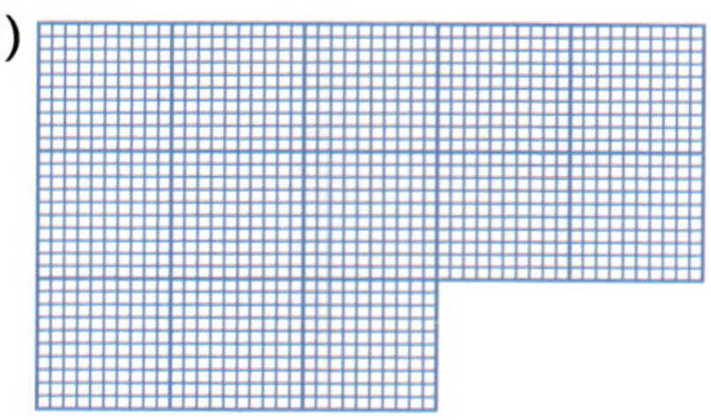

3 Zeige am großen Feld durch Abdecken.

a) 2 000, 7 000
5 000, 8 000

b) 1 500, 3 700
5 400, 8 800

c) die Hälfte von
8 000, 6 000
3 000, 9 000

d) das Doppelte von
3 000, 5 000
2 500, 3 500

e) Zeige noch andere Zahlen.

4 Zerlege. 2 473 = 2T + 4H + 7Z + 3E

a) 2 473
6 591
8 252
7 914

b) 3 567
6 188
5 662
9 999

c) 3 708 8 091
9 005 4 200

1 Wie heißen die Zahlen? 7 T + 6 H + … = ▢

a) T 7, E 4, Z 2, H 6
b) H 1, E 5, T 6, Z 4
c) H 9, T 3, E 2, Z 8
d) T 4, Z 5, H 0, E 7
e) E 0, Z 9, H 8, T 4

2 Schreibe mit Ziffern.

achttausenddreihundertvierundzwanzig
dreitausendvierhundertsiebzig
fünftausenddreihunderteinundsechzig
viertausendfünfhundertacht
sechstausendneunhundertneunzig

3 Schreibe als Zahlwort.

1 283   3 050   9 209   5 476   4 444   2 600   8 008   7 013

4 Diktiere deinem Nachbarn.

a) 3 712, 9 598, 1 426
b) 2 599, 6 164, 8 787
c) 7 011, 4 404, 5 003
d) 9 970, 2 004, 3 055

5 Roy und Ronja haben Zahlen mit Strichen dargestellt.

Roy

T	H	Z	E
卌	II	卌II	III

Ronja

T	H	Z	E
卌III	IIII	I	卌I

Wie heißen die beiden Zahlen?
Welche Zahlen können entstehen, wenn jeder …
a) einen Hunderterstrich dazuzeichnet,
b) einen Zehnerstrich wegradiert,
c) einen Strich dazuzeichnet,
d) einen Strich wegradiert,
e) zwei Striche dazuzeichnet?

6

a)
5 000 + 300 + 60 + 4
8 000 + 500 + 40 + 9
3 000 + 100 + 20 + 7
6 000 + 900 + 90 + 0

b)
4 000 + 700 + 8
7 000 + 20 + 9
9 000 + 500 + 40
2 000 + 2

c)
2 000 + 600 + 90 + ▢ = 2 694
4 000 + 500 + ▢ + 3 = 4 573
8 000 + ▢ + 10 + 2 = 8 912
▢ + 700 + 30 + 6 = 3 736

7

5 + 2 = 7
50 + 20 = 70
500 + 200 = ▢
5000 + 2000 = ▢

Wie geht es weiter?

a)

5 + 2	1 + 7
6 + 3	5 + 5
8 + 1	2 + 7
3 + 5	4 + 4

b)

8 − 3	7 − 5
5 − 2	9 − 8
7 − 1	8 − 6
6 − 3	7 − 3

Zahlenstrahl

1

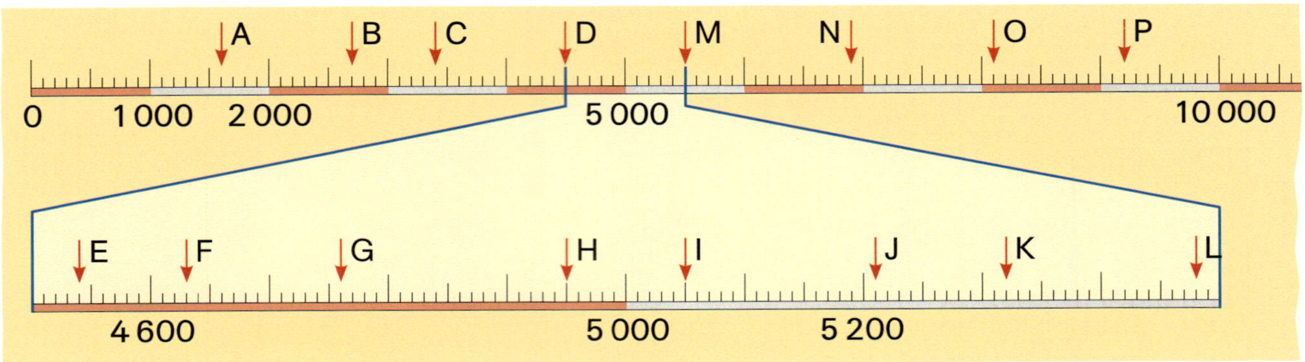

a) Überlege dir, welche Zahlen an den großen Strichen jedes Zahlenstrahls noch fehlen.

b) Wie heißen die Zahlen an den roten Pfeilen? A: 1600

c) Zeige am Zahlenstrahl.

2 500	3 600	4 910	5 360
8 500	4 730	9 800	5 040

d) Zeige noch andere Zahlen.

2 Zähle …

a) in Einerschritten,

Startzahlen: 2 495 | 4 804 | 8 992

b) in Zehnerschritten,

Startzahlen: 3 530 | 7 960 | 9 024

c) in Hunderterschritten,

Startzahlen: 4 400 | 3 720 | 6 752

d) in Tausenderschritten.

Startzahlen: 4 800 | 5 170 | 6 388

e) Zähle auch in anderen Schritten. Wähle dir selbst Startzahlen.

3 Setze die Zahlenfolgen fort.

a) 3 500, 4 000, 4 500, …, 8 000

b) 6 200, 6 000, 5 800, …, 4 400

c) 1 920, 1 950, 1 980, …, 2 190

d) 8 470, 8 430, 8 390, …, 8 110

4 Vergleiche.

a) 5 600 ☐ 6 500
8 740 ☐ 7 840
2 036 ☐ 2 063
4 991 ☐ 4 991

b) 1 898 ☐ 1 988
6 431 ☐ 6 413
9 045 ☐ 9 045
7 267 ☐ 7 276

5 Ordne. Beginne mit der kleinsten Zahl.

3 790 | 9 990 | 3 970 | 7 390 | 7 700 | 9 370 | 9 730 | 7 930 | 3 330

6 Ordne. Beginne mit der größten Zahl.

5 460 | 6 540 | 4 560 | 6 450 | 4 650 | 6 660 | 4 440 | 5 640 | 5 550

7 Welche Zahlen könnten das sein?

1

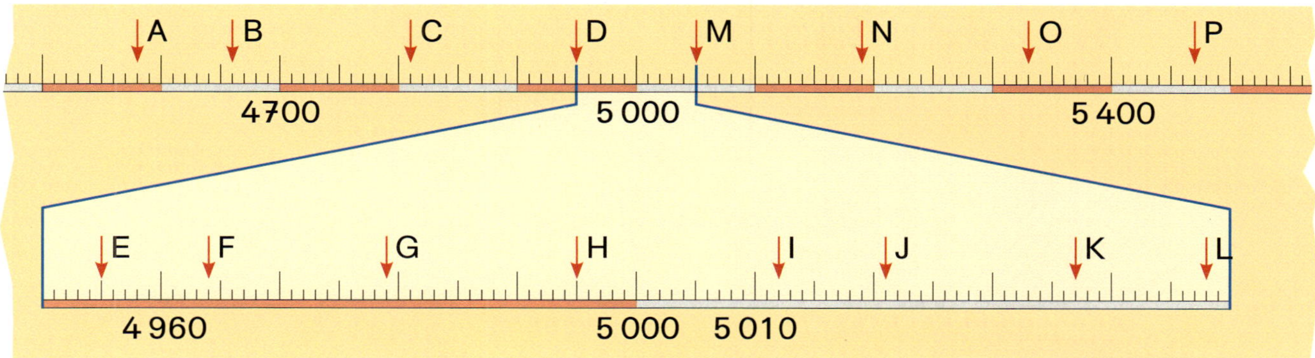

a) Überlege dir, welche Zahlen an den großen Strichen jedes Zahlenstrahls noch fehlen.

b) Wie heißen die Zahlen an den roten Pfeilen? *A: 4580*

c) Zeige am Zahlenstrahl.

4 620	4 954	5 025	5 510
5 320	4 890	5 047	4999

d) Zeige noch andere Zahlen.

2

a) Schreibe Vorgänger und Nachfolger auf.

2 985 | *2 986* | *2 987*

2 986	2 999	5 050	4 009
6 499	7 001	4 989	8 000

b) Schreibe die Nachbarhunderter auf.

4 100 | *4 152* | *4 200*

4 152	9 243	3 080
1 786	7 499	8 501

3

BEA
Bei meinen Zahlen sind Tausender, Hunderter, Zehner und Einer gleich.

TIM
Meine Zahl liegt zwischen 7 420 und 7 438. Der Einer ist 9.

DANNY
Meine Zahlen liegen zwischen 8 190 und 8 240. Die Zehner und die Einer sind gleich.

ALFONS
Bei meinen Zahlen ist der Hunderter doppelt so groß wie der Zehner.

MARIE
Meine Zahlen liegen zwischen 9 120 und 9 180. Zehner und Einer sind zusammen 10.

4

Ergänze zum nächsten Tausender.

2 800 + ■ = 3 000

2 800	8 100	5 950	3 860
6 400	7 300	4 920	9 001

5

Subtrahiere vom Tausender.

3 000 − 200 = ■

3 000	7 000	1 000
9 000	5 000	10 000

a) immer − 200
b) immer − 70
c) immer − 9

6

Welche Aufgaben könnten das sein?

4 00[illegible]000 = 7 000
5 200 + 80[illegible]000
7 900 [illegible]00 = 7 500
9 500 − [illegible]00 = 7 000
[illegible]000 − 5 000 = 2 0[illegible]
1 500 + 6 500 = [illegible]0

Noch größere Zahlen

1

Im Deutschen Sportbund gibt es 88 960 Vereine.
Viele Kinder im Alter von 7 bis 14 Jahren sind Mitglieder in Sportvereinen und treiben regelmäßig Sport.

(Stand 2005)

Welchen Sport treibst du? Bist du auch in einem Sportverein? Wie viele Mitglieder habt ihr?

2

a)

100 000	10 000	1 000	100	10	1
Hunderttausender 1 HT = ▒ ZT	Zehntausender 1 ZT = ▒ T	Tausender 1 T = ▒ H	Hunderter 1 H = ▒ Z	Zehner 1 Z = ▒ E	Einer 1 E

b) Trage die Mitgliederzahlen der Sportvereine in eine Stellenwerttafel ein und schreibe sie verschieden auf.

HT	ZT	T	H	Z	E
	2	0	7	9	9

2ZT + 0T + 7H + 9Z + 9E
20 000 + 0 + 700 + 90 + 9 = 20 799
zwanzigtausendsiebenhundertneunundneunzig

1 Die jeweiligen Mitgliederzahlen der entsprechenden Sportvereine im Internet recherchieren.

1 Jule will herausfinden, wie viel 100 000 ist. Sie nimmt dazu ihr Rechenheft und schreibt eine DIN-A5-Heftseite mit Zahlen voll.

Jule weiß jetzt:

Ich habe 5 Minuten gebraucht.
In eine Zeile passen 15 Zahlen.
Auf einer Seite sind 20 Zeilen.
Das Heft hat 32 Seiten.

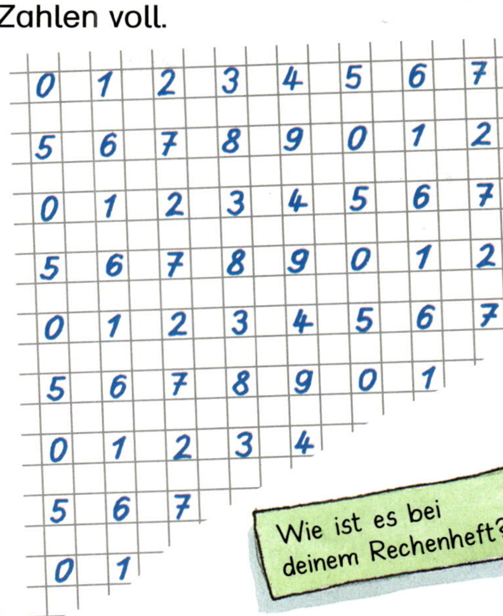

Sie fragt sich:

a) Wie viele Zahlen stehen auf einer Seite?

b) Wie viele Zahlen passen in mein Rechenheft?

c) Wie viele Seiten brauche ich für 100 000 Zahlen?

d) Wie lange müsste ich ohne Pause schreiben?

Wie ist es bei deinem Rechenheft?

Was denkst du dir für die Zahl 100 000 aus?

2 Wie heißen die Zahlen?

a) ZT 5, H 3, Z 1, E 4, T 2

b) T 6, E 3, Z 7, H 8, ZT 9

c) E 4, Z 6, ZT 7, H 5, T 0

d) ZT 3, H 2, E 0, T 1, Z 7

e) E 4, Z 0, ZT 9, H 0, T 2

3 12 374 = 1ZT + 2T + 3H + 7Z + 4E

a)	b)	c)
12 374	52 916	80 037
34 621	28 018	50 005
81 795	67 309	30 303

4 Diktiere deinem Nachbarn.

a)	b)	c)
13 474	36 771	50 060
34 812	71 633	71 004
42 631	42 222	30 602

5 Schreibe mit Ziffern.

fünfundvierzigtausendzweihunderteinundzwanzig
sechsundfünfzigtausendsiebenhundertsiebzig
zwölftausendelf
achtzigtausendacht
dreiunddreißigtausendvierhundertvier

6 Schreibe als Wörter.

18 495, 41 307, 36 363, 29 290, 70 700, 50 050, 22 022

7

a)
40 000 + 7 000 + 500 + 90 + ☐ = 47 592
90 000 + 2 000 + ☐ + 30 + 8 = 92 738
80 000 + ☐ + 100 + 20 + 0 = 85 120
☐ + 4000 + 300 + ☐ + 6 = 64 306

b)
70 000 − 60 000 + ☐ = 100 000
30 000 + 40 000 + ☐ = 100 000
90 000 − 50 000 + ☐ = 100 000
40 000 + 60 000 + ☐ = 100 000

Zahlenstrahl

1

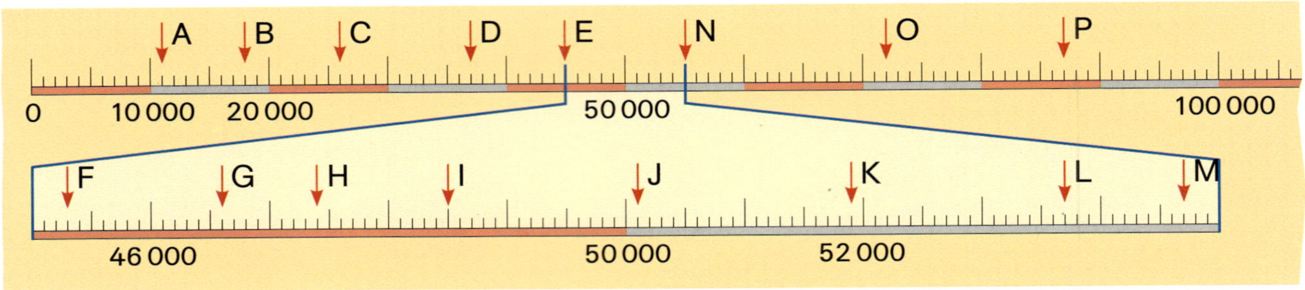

a) Wie heißen die Zahlen an den roten Pfeilen? A: 11 000

b) Zeige am Zahlenstrahl. 22 000 45 400 41 000 52 600 38 000 47 800 49 900 52 000

c) Zeige noch andere Zahlen.

2 Zähle vorwärts und rückwärts …

a) in Einerschritten.

Startzahlen: 26 396 18 004

b) in Zehnerschritten.

Startzahlen: 31 250 54 921

c)

d) Zähle auch in anderen Schritten.

e) Wähle selbst Startzahlen.

3 a) Schreibe Vorgänger und Nachfolger auf.

40 001 40 002 40 003

40 002 80 040 70 300 90 000

b) Wie heißen die Nachbarzehner?

49 950 49 954 49 960

49 954 10 048 74 685 93 470

c) Schreibe zu jeder Zahl die Nachbarhunderter, die Nachbartausender und die Nachbarzehntausender auf. 16 486 65 095 99 999 90 507

4 Setze die Zahlenfolgen fort.

a) 35 000, 38 000, 41 000, …, 59 000
b) 71 000, 64 000, 57 000, …, 15 000
c) 24 300, 25 200, 26 100, …, 31 500
d) 82 940, 82 880, 82 820, …, 82 460

5 Vergleiche.

a) 18 267 ■ 18 627
30 908 ■ 30 809
57 044 ■ 57 044
29 090 ■ 29 009

b) 40 956 ■ 40 965
92 730 ■ 92 370
70 001 ■ 68 999
16 403 ■ 16 304

6 Ergänze zum nächsten Zehntausender.

28 000 + ■ = 30 000

28 000 83 000 59 500 35 750
64 000 75 000 48 500 90 450

7 Subtrahiere vom Zehntausender.

30 000 − 5 000 = ■

30 000 50 000
80 000 40 000

a) immer − 5 000
b) immer − 500
c) immer − 20

1

2

Runden auf Zehner:

6 3<u>8</u>1 ≈ 6 380
6 3<u>8</u>4 ≈ 6 380
6 3<u>8</u>5 ≈ 6 390
6 3<u>8</u>9 ≈

≈ ist rund

Regel:
Bei 1, 2, 3, 4 wird abgerundet.
Bei 5, 6, 7, 8, 9 wird aufgerundet.

Runden auf Hunderter:

3 <u>5</u>27 ≈ 3 500
3 <u>5</u>81 ≈ 3 600
3 <u>8</u>35 ≈ 3 800
3 <u>4</u>61 ≈

3 Runde auf Zehner. *3 532 ≈ 3 530*

a) 3 532, 3 539, 3 545, 3 557, 3 564, 3 571

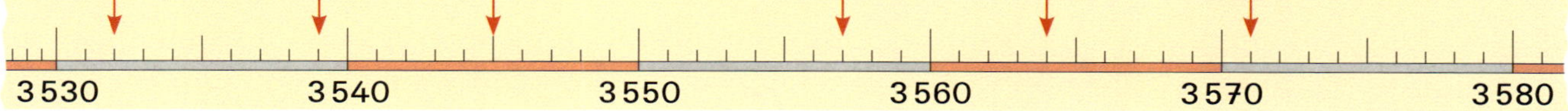

b) 1693, 8 048, 9 919, 7 252, 2 465

c) 6 666, 5 005, 4 071, 8 749, 1 350

4 Runde auf Hunderter.

a) 4 820, 3 490, 8 170, 1 550, 9 930
b) 7 536, 4 894, 6 115, 2 987, 9 066

5 Runde auf Tausender.

a) 4 800, 3 400, 8 100, 1 550, 9 930
b) 2 749, 6 511, 5 806, 4 927, 7 094

6 Runde sinnvoll.

a) In unserer Schule lernen 237 Kinder.
b) Das Fußballspiel sahen 7 814 Zuschauer.
c) Die Zugspitze ist 2 962 m hoch.
d) Die Telefonnummer meiner Freundin ist 4 2 5 6.
e) Mein Kinderzimmer ist 308 cm lang.

7 Paul hat drei Zahlen auf Zehner gerundet. Das sind seine Ergebniszahlen:

a) 2 570 b) 6 490 c) 8 000

Welche Zahlen könnte Paul gerundet haben?

1 Tabea hat in eine Stellenwerttafel Plättchen gelegt. Welche Zahl ist dargestellt?

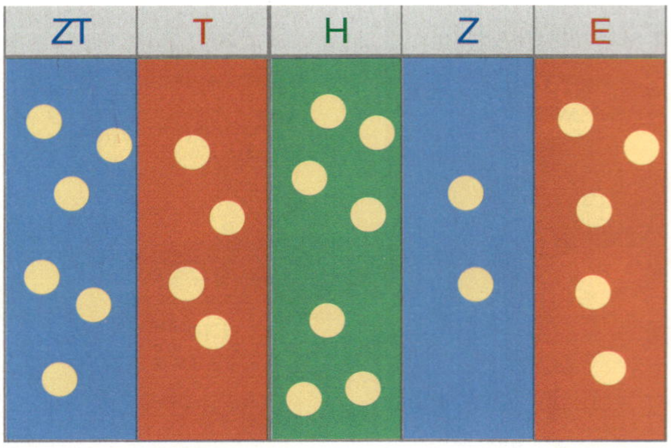

Welche Zahlen können entstehen, wenn sie …

a) ein Plättchen aus einem roten Feld wegnimmt,

b) ein Plättchen aus einem blauen Feld wegnimmt und ein Plättchen im grünen Feld dazulegt,

c) ein Plättchen in das grüne Feld und ein Plättchen in ein rotes Feld dazulegt,

d) zwei Plättchen wegnimmt?

2

SPIELANLEITUNG

Ihr braucht:
jeder eine Stellenwerttafel, 1 Spielwürfel, Stift

Ziel:
Wer nach 5 Würfen die größte Zahl in seiner Stellenwerttafel stehen hat, gewinnt.

So geht es:
Es wird abwechselnd gewürfelt.
Jeder entscheidet, an welcher Stelle er seine gewürfelte Zahl in der Stellenwerttafel aufschreibt. Nach 5 Würfen werden die beiden Zahlen in der Stellenwerttafel verglichen.

3 Suche alle Zahlen heraus,

a) die kleiner als 47 500 sind,

b) die größer als 74 580 sind,

c) die zwischen 47 500 und 74 580 liegen,

d) die als Hunderterziffer eine 3 haben,

e) deren Tausenderziffer doppelt so groß ist wie die Einerzahl,

f) die ungerade Zahlen sind.

4

1

a) Schreibe die Namen der Kinder auf und ordne die passenden Zahlen zu.

b) Findest du für jedes Kind noch 5 andere Zahlen?

c) Finde für jedes Kind die kleinste und die größte Zahl.

2

a) Wie viele MOMO-Zahlen gibt es, bei denen als Hunderter eine 4 steht?

b) Wie viele PIPPI-Zahlen findest du mit der Ziffer 5?

c) Gibt es auch Zahlen für MAMA und PAPA?

d) Findest du heraus, wie viele ANNA-Zahlen es insgesamt gibt?

3

Schreibe für jede Zahl die passenden Namens-Nachbarzahlen auf.

Addieren und subtrahieren

1 Karl Friedrich Hieronymus Freiherr von Münchhausen, genannt der Lügenbaron, lebte von 1720 – 1797.
Er war ein ausgezeichneter Erzähler von Lügen- und Abenteuergeschichten.

a) Den langen Weg von Ost nach West flog ich rittlings auf meiner blitzschnellen Kanonenkugel. Eine Armee von 10 000 Stechmücken, 25 000 Arbeitsbienen und 15 000 gemeinen Wespen beschützte mich. Das war auch gut so, denn wir trafen auf 30 000 gefährliche Flugobjekte, halb so viele explodierende Knallkörper und 5 000 wild blinkende Sternschnuppen, die uns zusammen zahlenmäßig weit überlegen waren.

Hat Münchhausen richtig gerechnet?

2

	+500	−500	+50	−50
1 200				
2 300				
3 400				

	+10 000	−10 000	+5 000	−5 000
12 000				
23 000				
34 000				

3

a) 4 300 + 2 500
5 300 + 2 500
3 800 + 1 600
3 800 + 2 600

b) 7 800 − 3 500
8 800 − 3 500
6 300 − 2 700
6 300 − 3 700

c) 8 780 + 20
8 780 + 50
4 310 + 90
4 320 + 90

d) 5 080 − 80
5 080 − 90
2 110 − 60
2 010 − 60

4 Mehr als 5 000 g im Rucksack und meine Kugel fliegt rückwärts …

5

a)
8 838 − 1
8 843 − 2
8 848 − 3
___ − 4

b)
6 821 + 2
6 832 + 3
6 843 + 4
___ + 5

1 Halbschriftlich oder im Kopf?

a) Am Service-Point werden die Flugkilometer der Kugeln kontrolliert.

Blitz:
75 000 km + 20 km = ■ km

Nächster Service bei: 100 000 km.

b) Wie viele Kilometer fehlen noch?

Blitz:
75 000 km + ■ km = 100 000 km

c) Erfinde Aufgaben wie Münchhausen.

2 Rechne geschickt: Beginne mit der leichten Aufgabe.

a) 4 350 + 98
4 350 + 99
4 350 + 100

b) 7 312 + 100
7 312 + 98
7 312 + 96

c) 74 500 − 970
74 500 − 990
74 500 − 1 000

d) 18 500 − 1990
18 500 − 2000
18 500 − 2010

e) 2 436 + 99
2 436 + 100
2 436 + 94

f) 5 844 + 99
5 844 + 104
5 844 + 96

g) 64 800 − 1 000
64 800 − 2 000
64 800 − 3 000

h) 32 700 − 700
32 700 − 1 000
32 700 − 990

3

a) 5 670 + 9
5 670 + 19
5 670 + 29
5 670 + ■

b) 10 580 + 108
10 580 + 208
10 580 + 308
10 580 + ■

c) 4 820 − 19
4 830 − 29
4 840 − 39
4 850 − ■

d) 12 910 − 900
12 915 − 905
12 920 − 910
12 925 − 915

4

+	13 000	23 000	30 000
7			
70			
700			
7 000			
70 000			

5

a) 68 704 − 4
68 704 − 6
68 704 − 14

b) 42 499 − 400
42 499 − 450
42 499 − 550

c) 52 022 − 20
52 022 − 40
52 022 − 80

d) 93 000 − 5 000
93 000 − 10 000
93 000 − 15 000

Schriftlich addieren und subtrahieren

1

ALINA

T	H	Z	E
▪	4	▪	▪
+ ▪	▪	▪	▪

ZEHNTAUSEND-SPIEL
für 2 Personen

IHR BRAUCHT: 1 Würfel
2 Spielpläne
wie die von Alina
oder Raphael

RAPHAEL

T	H	Z	E
▪	▪	▪	▪
+ ▪	▪	▪	▪

So geht es:
Jeder würfelt 8-mal und trägt die Augenzahlen auf seinem Spielplan ein. Zum Schluss werden die beiden Zahlen addiert.

Ziel:
Das Ergebnis soll möglichst nahe bei 10 000 liegen.

Oder:
Jeder würfelt 12-mal und addiert 3 vierstellige Zahlen.

2 Wer hat gewonnen?

a)

MELINA

T	H	Z	E
3	5	2	3
+ 6	4	4	6

KOSTAS

T	H	Z	E
6	5	1	6
+ 3	6	5	4

b)

SAMUEL

T	H	Z	E
4	6	2	4
+ 5	3	1	1

LEA

T	H	Z	E
4	5	3	2
+ 5	5	6	2

ANTON

T	H	Z	E
6	5	4	6
+ 3	4	5	4

3 Wie trägst du ein, damit du gewinnst?

T	H	Z	E
▪	▪	▪	▪
+ ▪	▪	▪	▪

4 Schreibe untereinander. Rechne zuerst den Überschlag. Ü: 7000 + 3000 = ▪

Qs 30

a) 6 677 + 3 199
3 704 + 5 263
24 061 + 2 618
16 074 + 1 695

b) 8 231 + 1 627
18 231 + 627
62 400 + 1 584
595 + 9 344

c) 22 081 + 13 679 + 3 168
67 + 7 354 + 2 572
819 + 7 412 + 1 627

5

Qs 20

a) 5 400 + 2 600 + 156
18 200 + 9 423 + 1 800
61 830 + 5 670 + 200
57 360 + 8 100 + 8 900

b) 7 800 + 10 292
34 200 + 52 400
5 601 + 179
4 434 + 446

c) 50 015 + 42 327
97 023 + 1 277
88 + 40 000
17 606 + 29 304

6

a) Addiere die Zahl 9 156 so oft, bis das Ergebnis ganz nahe an die 100 000 herankommt.

b) Subtrahiere von 50 000 die Zahl 4 141 so oft, bis das Ergebnis ganz nahe an die 0 herankommt.

1

a)

5 953	5 262	8 631
− 3 721	− 2 433	− 4 257

2 232 · 2 829 · 4 374 · 13 602 · 27 606 · 17 889

b)

27 423	34 716	91 093
− 13 821	− 16 827	− 63 487

2 Schreibe untereinander. Rechne zuerst den Überschlag.

Qs 13

Ü: 6 000 − 3 000 = ___

a) 5 789 − 3 463
9 483 − 5 348
7 831 − 3 489
17 829 − 2 489
26 548 − 4 017

b) 64 300 − 23 184
38 004 − 36 668
19 999 − 8 754
22 043 − 997
58 789 − 27 267

3

a)
```
  3 825        ___      1 785
+ 6 241     + 7654    +  ___
  ___        12320      9999
```

b)
```
  4 346        ___
− 4 199     − 4 999
  ___        15 001
```

147 · 20 000 · 8 214 · 10 066 · 4 666

4

a) In der neuen Sportarena in Ballhausen gibt es 22 950 Sitzplätze und doppelt so viele Stehplätze.

b) In der letzten Saison verkaufte der Verein Starkicker 11 860 Dauerkarten. Das waren 2 917 mehr als im Vorjahr.

c) Das Rückrundenspiel FC Siegsdorf – SC Torstadt gewann der FC mit 3 : 1. Das Spiel sahen 16 345 Zuschauer. Das Vorrundenspiel sahen 14 875 Fans.

5

	Eintrittskarten			
	Zuschauerplätze insg.	Verkauft: Dauerkarten	Verkauft: Vorverkauf	Restkarten an der Tageskasse
Spiel 1	8 850	1 860	4 875	
Spiel 2	8 850	1 860	2 592	
Spiel 3	8 850	1 860	6 990	
Spiel 4	8 850	1 860	3 076	

Wie rechnest du?

ROBIN
```
  8 850
− 1 860
  6 990

  6 990
− 4 875
  2 115
```
Ich subtrahiere erst eine und dann die andere Zahl.

FABIENE
```
  1 860
+ 4 875
  6 735

  8 850
− 6 735
  2 115
```
Ich addiere erst die beiden Zahlen, die ich subtrahieren muss.

ELIAS
```
  8 850
− 1 860
− 4 875
  ___
```
Ich schreibe nur eine Rechnung und muss mir dafür viel merken.

6 Im Kopf oder schriftlich?

Qs 11

a) 8 240 − 1 200
6 360 − 3 010
1 600 − 320
4 495 − 695
6 321 − 2 899

b) 1 250 − 510
65 300 − 1 299
77 624 − 4 623
12 880 − 179
84 911 − 72 588

7

```
  4 0 9 3        2 _ 6 1 4
− 1 _ 9 6      +   2 3 8 7
  _ 9 _ 7        2 5 _ _ 1

  3 6 4 _ 7      5 1 0 _ 1
−   2 7 1 8    + 4 _ 2 _ _
  3 _ _ 1 _      _ 8 2 0 4
```

1

Finde heraus, wie ANNA, MOMO und PIPPI ihre Aufgaben gebildet haben.

2 Untersuche die Additionsaufgaben mit ANNA-Zahlen.

a) Schreibe 10 ANNA-Aufgaben auf und rechne. Was fällt dir auf?

b) Berechne die Quersumme der Ergebnisse. Was entdeckst du?

3 113
+ 1 331
4 444

3 a) Welche ANNA-Zahlen könnten jeweils zu den Ergebnissen gehören? Suche verschiedene Möglichkeiten.

b) Welche Ergebnisse gibt es bei Subtraktionsaufgaben mit ANNA-Zahlen noch?

c) Bilde die Quersumme der Ergebnisse. Was entdeckst du?

d) Findest du einen Trick, wie man Aufgaben zu den Ergebnissen schnell finden kann?

4 Untersuche noch andere Aufgaben mit Namenszahlen:

a) Zu welchen Namen gehören die Geheimschrift-Aufgaben?

b) Wähle dir Zahlen für die Namen aus. Rechne für jeden Namen 3 Aufgaben.

c) Was fällt dir an den Ergebnissen auf?

1

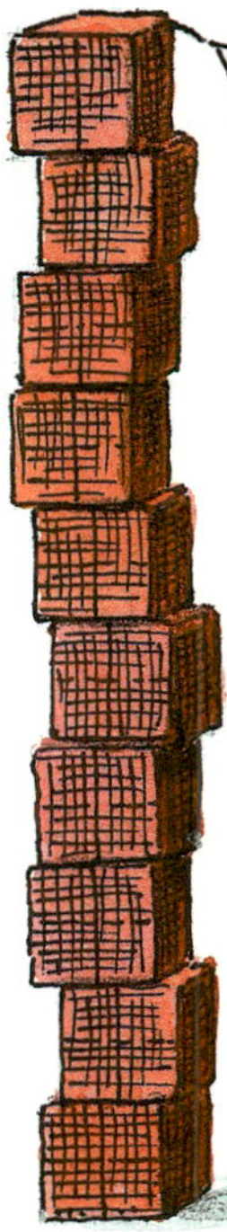

ZEHNTAUSENDER

a) Wie viele ...

Tausenderwürfel ?
Hunderterplatten ?
Zehnerstäbe ?
Einerwürfel ?

b) Wie viele Tausenderwürfel, Hunderterplatten, Zehnerstäbe, Einerwürfel hat ein ...

Fünfzigtausender?
Hunderttausender?
Eintausender?

2

Zara hat das Zehnfache von Emma.

Hannes hat das Hundertfache von Emma.

Tanja hat das Tausendfache von Emma.

24 —(· 10)→ 240, 240 —(: 10)→ 24

24 —(· 100)→ 2 400, 2 400 —(: 100)→ 24

24 —(· 1 000)→ 24 000, 24 000 —(: 1 000)→ 24

H	Z	E
	2	4
2	4	0

(· 10 nach unten, : 10 nach oben)

T	H	Z	E
		2	4
2	4	0	0

(· 100 nach unten, : 100 nach oben)

ZT	T	H	Z	E
			2	4
2	4	0	0	0

(· 1 000 nach unten, : 1 000 nach oben)

3 Berechne von jeder Zahl: a) das Zehnfache,
b) das Hundertfache,
c) das Tausendfache.

27 77 107 17 70 71

4

a)

·	1	10	100	1 000
12				
23				
34				

b)

:	1	10	100	1 000
98 000				
87 000				
76 000				

5

a) 101 · 10
110 : 10
1 110 · 100

b) 5 000 · 10
5 500 : 100
5 050 : 10

c) 8 800 · 10
880 : 10
8 808 · 10

d) 7 104 · 10
7 100 : 10
771 · 100

Multiplizieren und dividieren

1

4 · 6 = 24
4 · 60 = 240

a)	b)
4 · 60	9 · 20
4 · 600	9 · 200
4 · 6 000	9 · 2 000
7 · 5 000	6 · 9 000
70 · 500	60 · 900
700 · 50	600 · 90

42 : 7 = 6
420 : 7 = 60

c)	d)
420 : 7	32 : 8
4 200 : 7	320 : 8
42 000 : 7	3 200 : 8
7 200 : 8	8 100 : 9
720 : 8	810 : 9
72 : 8	81 : 9

2

6 · 4 = 24
60 · 40 = 2 400
Nullentrick!

a)	b)
60 · 40	70 · 80
70 · 40	70 · 800
80 · 40	700 · 80
90 · 40	7 000 · 8

45 : 5 = 9
450 : 50 = 9
Nullentrick!

c)	d)
450 : 50	21 000 : 3
4 500 : 50	21 000 : 30
45 000 : 500	21 000 : 300
45 000 : 5 000	21 000 : 3 000

3

3 · 230 = ☐
3 · 200 = ☐
3 · 30 = ☐

a)	b)
3 · 230	3500 · 8
4 · 230	3500 · 6
7 · 230	3500 · 9
9 · 230	3500 · 7

880 : 8 = ☐
800 : 8 = ☐
80 : 8 = ☐

c)	d)
880 : 8	728 : 7
8 080 : 8	7 028 : 7
80 080 : 8	70 280 : 7
80 800 : 8	72 800 : 7

4

a) Legosteine sollen verpackt werden. 2 400 Steine in immer gleiche Packungen:

Wie viele Tüten?

2 400 : 3 = ☐

b) Verpacke: 3 600 Steine, 66 000 Steine, 12 000 Steine

c) Wie viele Steine könnten in 200 gleichen Packungen sein?

5

Legoland bestellt 54 000 Steine für Wehrtürme einer Burganlage.

a) Die Türme sollen alle gleich sein. Wie viele Steine können pro Turm verbaut werden bei 10 (1 000, 500, 100, 50) Türmen?

b) Wie viele Steine können bei 9 (8, 7, 3, 2) Türmen verwendet werden? Wie viele Steine bleiben übrig?

6

a)	b)
6 · 304	1 002 · 4
6 · 340	1 020 · 4
6 · 343	1 200 · 8
4 · 120	1 202 · 8
7 · 152	1 222 · 2

7

a)	b)
2 700 : 3	6 340 : 8 = ☐ R ☐
6 300 : 7	1 960 : 3
7 200 : 8	4 280 : 6
3 280 : 4	8 230 : 4
4 880 : 8	5 650 : 7

8

a)

3 · 30	2 · 40 + 10
4 · 40	3 · 50 + 10
5 · 50	4 · 60 + 10
6 · ☐	5 · ☐ + ☐

b)

3 · 400	2 · 500 + 200
4 · 500	3 · 600 + 200
5 · 600	4 · 700 + 200
6 · ☐	5 · ☐ + ☐

1

Rechne. Beachte die Regeln.

a) 360 : 9 − 3
5 · 12 + 48
305 − 5 · 40

b) 720 + 90 : 3
175 + 25 : 5 − 3
240 + 8 · 7 − 5

c) 360 : (9 − 3)
5 · (12 + 48)
(305 − 5) · 40

d) (720 + 90) : 3
(175 + 25) : (5 − 3)
(240 + 8) · (7 − 5)

2

a) (93 + 7) · 8
93 + 7 · 8
(200 − 75) · 2
200 − 75 · 2

b) (460 + 40) : 10
460 + 40 : 10
(660 − 300) : 60
660 − 300 : 60

c) 5 · (100 − 40)
5 · 100 − 40
800 : (20 − 12)
800 : 20 − 12

d) 6 · 9 − 3 · 8
6 · (9 − 3) · 8
25 + 5 · 9 − 3
(25 + 5) · (9 − 3)

3

a) 700 + 800 + 900
700 + (800 + 900)

b) 5 000 − 390 − 260
5 000 − (390 − 260)

c) 60 · 30 · 2
60 · (30 · 2)

d) 2400 : 40 : 2
2400 : (40 : 2)

e) 6 · 900 + 4 · 900
(6 + 4) · 900

f) 3 200 : 4 − 1 600 : 4
(3 200 − 1 600) : 4

4

a)

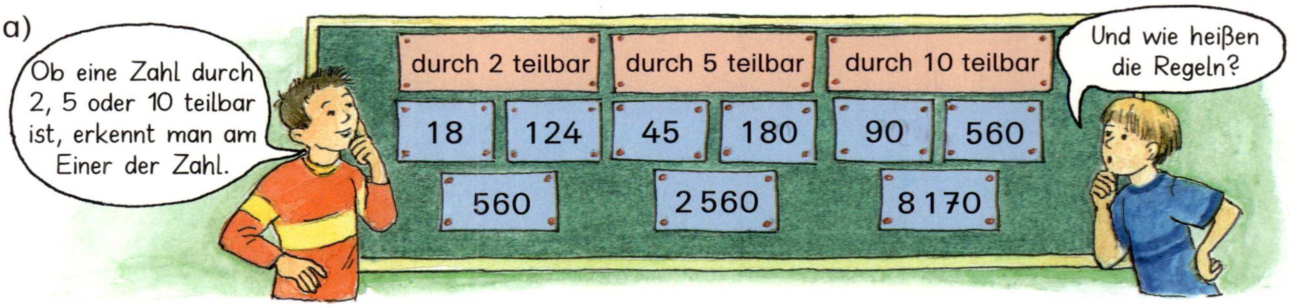

b) Welche von den Zahlen sind durch 2, welche durch 5 und welche durch 10 teilbar?

35 60 19 200 775 40 444 0 5 555
106 805 498 82 951 7 630 30 970

c) Welche Zahlen zwischen 370 und 410 sind durch 5 teilbar?

d) Welche Zahlen zwischen 1960 und 2 130 sind durch 10 teilbar?

e) Welche Zahlen zwischen 5 720 und 5 740 kann man durch 2 teilen?

f) Welche Zahlen zwischen 850 und 870 kann man nicht durch 2, 5 oder 10 teilen?

Entfernungen auf der Autobahn

1

a) Findest du auf der Karte deinen Wohnort oder eine Stadt in deiner Nähe?

b) Suche die Stadt Nürnberg. Wie weit ist es?
Nürnberg – München
Nürnberg – Heilbronn
Nürnberg – ▢

2 Suche jeweils die kürzeste Fahrstrecke. Berechne die Entfernungen.

a) München – Heilbronn
b) Würzburg – München
c) Lindau – Nürnberg
d) Gießen – Potsdam

3 Finde die fehlenden Städte auf der Karte.

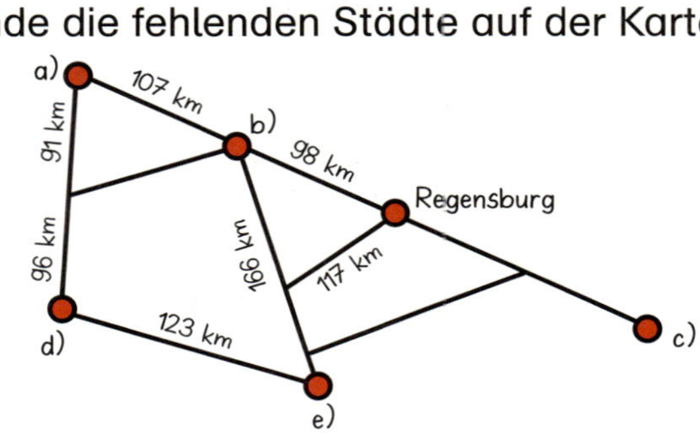

1

		km	m			
Rennsteigtunnel	7916 m	7	9	1	6	7,916 km

Das Komma trennt Kilometer und Meter:
7,916 km = 7 km 916 m = 7916 m

Der Rennsteigtunnel – Deutschlands längster Straßentunnel
Am 05.07.2003 wurde Deutschlands größter Autobahntunnel mit einer Gesamtlänge von 7,916 km bei Erfurt (Thüringen) eröffnet.

2 Trage die Länge der Straßentunnel in eine Tabelle wie bei Aufgabe 1 ein.

Grenztunnel Füssen 1 245 m

Petuel Tunnel (München) 1 500 m

Farchant (Garmisch-Partenkirchen) 2 326 m

Eichinger Tunnel (Eiching am Ammersee) 398 m

Montblanc (Frankreich/Italien) 11 600 m

St. Gotthard (Schweiz) 16 918 m

Flughafentunnel (Düsseldorf) 1,070 km

Elbtunnel (Hamburg) 2,653 km

3

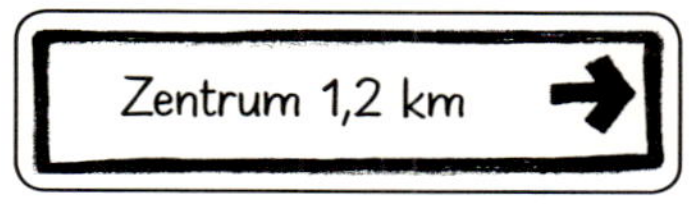

Nullen am Ende einer Kommazahl müssen nicht mitgeschrieben werden.

1,2 km = *1* km *200* m

Schreibe als Kilometer und Meter.
2,4 km; 5,6 km; 4,7 km; 9,9 km;
0,7 km; 12,3 km; 18,7 km; 30,5 km

4

a) Schreibe in Kilometern.
2 580 m; 7 500 m; 7 050 m; 7 005 m;
856 m; 5 000 m; 500 m; 3 505 m

b) Schreibe in Metern.
1,25 km; 6,5 km; 3 km; 10 km;
2,406 km; 0,357 km; 0,08 km

5 Runde auf volle Kilometer.

3 800 m ≈ *4* km

a)	b)	c)
3 800 m	5 085 m	2,450 km
4 200 m	2 459 m	2,055 km
6 802 m	7 000 m	0,875 km
5 570 m	905 m	4,299 km

6

	Ort	Entfernung ab Start
	Schleißheimer Straße München	0 km
	Autobahnauffahrt München	1,6 km
	Autobahnkreuz Nürnberg	167,6 km
	Autobahndreieck Bayer. Vogtland (Hof)	288,6 km
	Autobahnkreuz Schkeuditzer Kreuz (Leipzig)	430,6 km
	Autobahnkreuz Magdeburg	536,6 km
	Autobahnausfahrt Braunschweig	611,6 km
	Heimgarten Str. Braunschweig	615,4 km

a) Kannst du den Routenplan erklären?

b) Berechne die Länge der einzelnen Strecken.
Zeichne eine Skizze:

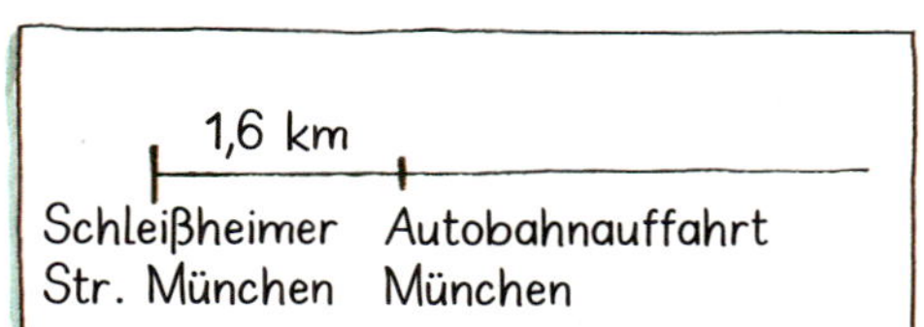

c) Suche die Route auf der Autobahnkarte von Seite 40. Vergleiche die Angaben und erkläre.

Basteln und rechnen

Weißt du, wie ein Freundschaftsband geknotet wird?

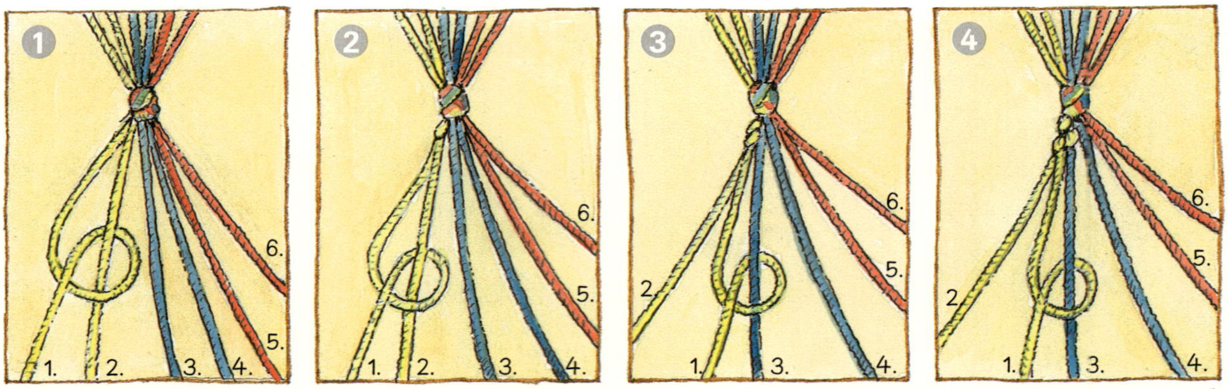

BASTELANLEITUNG
Du brauchst: 6 gleich lange Fäden (2 von jeder Farbe) und eine Sicherheitsnadel
So geht es: Knote die Fäden zusammen und befestige sie mit der Sicherheitsnadel an deiner Hose. Der ganz links liegende Faden ist immer der Erste; mit ihm knotest du der Reihe nach um die übrigen 5 Fäden je 2 einfache Knoten. Den Faden, den du umknotest, musst du dabei straff halten.
Sind alle 5 Fäden mit 2 Knoten versehen, legst du den ersten Faden rechts ab und beginnst links wieder von vorne.
Beim Knüpfen werden die Fäden kürzer: für 1 cm Freundschaftsband brauchst du ungefähr 5 cm Faden.
An den beiden Endstücken muss etwas Faden überstehen, mit dem das Band ums Handgelenk geknotet wird.
Hierfür und für die beiden Abschlussknoten kommen an beiden Enden je 15 cm dazu.

1 Larissa knüpft mit 6 Fäden, immer 2 Fäden von jeder Farbe.
a) Larissa will ein 14 cm langes Armband knüpfen. Wie lang müssen die Fäden sein?
b) Wie viele Zentimeter Faden von jeder Farbe benötigt sie für ein 19 cm langes Fußband?
c) Sie kauft je 8 m Garn in blau, rot und gelb.
Wie viele Armbänder kann sie damit knüpfen? Wie viele Fußbänder?

2

Perlgarn Sorte „Extra-Fein" in 80 verschiedenen Farben!

8 m	1,30 €
15 m	2,40 €
25 m	4,– €
50 m	7,– €

a) Philip hat 11 €. Er will mit 3 Farben knüpfen. Welches Garn kann er kaufen?

b) Er nimmt von jeder Farbe immer 2 Fäden. Wie viele Armbänder (14 cm lang) kann er dann knüpfen? Wie viele Fußbänder (19 cm lang)?

c) Paula will 10 Armbänder (je 14 cm lang) mit je 6 Fäden knüpfen. Wie kann sie günstig einkaufen?

3 Von 20 m Garn werden nacheinander verschiedene Stücke abgeschnitten: 90 cm, 4 m 60 cm, 85 cm, 190 cm, 5 m, 55 cm, 50 cm und 1,60 m. Reicht der Rest, um ein 14 cm (15 cm) langes Armband mit 4 Fäden zu knüpfen?

4 Auf einer modernen Maschine werden pro Stunde 3 km Perlgarn gesponnen. Die Maschine läuft 14 Stunden am Tag, 5 Tage in der Woche. Wie lang ist das gesponnene Garn nach 7 Stunden (einem Tag, einer Woche)?

Wiederholung

150 → : 3 → □ → · 7 → □ → · 2 → □ → : 10 → □ → · 7 → 490

490 → − 70 → □ → : 6 → □ → · 4 → □ → : 2 → □ → + 10 → □ → : 50 → □ → · 90 → □ → : 30 → □ → · 8 → 72

150 → · 3 → □ → : 5 → □ → · 6 → □ → + 20 → □ → : 80 → □ → · 3 → □ → · 10 → □ → : 30 → □ → · 50 → 350

350 → : 70 → □ → · 80 → □ → · 2 → □ → : 10 → □ → − 8 → 72

1 **Ihr braucht:**
2 Sätze Zahlenkarten von 0 bis 9

So geht es:
Jedes Kind bildet aus den Zahlen von 0 bis 9 zwei fünfstellige Zahlen und subtrahiert sie voneinander. Vergleicht eure Ergebnisse.

Ziele:
a) das größte Ergebnis
b) das kleinste Ergebnis
c) ein Ergebnis nahe 60 000 (62 000; 60 020)

2 In jedem Päckchen haben die Ergebnisse die gleiche Quersumme.

a)	b)	c)
3 400 + 6 600 + 776	66 424 + 7 509	38 448 + 746 − 5 745
73 050 + 20 404 + 950	83 186 + 9 998	5 474 − 899 + 23 798
24 072 + 59 300 + 700	56 077 − 9 999	51 534 + 787 − 31 535
10 203 + 23 010 + 72	67 689 − 3 044	47 777 − 888 + 21 453

3

a)		b)		c)		d)	
3 · 170	6	5 005 · 4	4	2 700 : 300	9	6 370 : 7	10
6 · 170	3	2 500 · 8	2	27 000 : 30	9	6 020 : 4	11
7 · 170	11	1 900 · 5	14	2 500 : 5	5	2 460 : 3	10
7 · 340	13	1 990 · 5	23	25 000 : 500	5	2 460 : 6	5

4 Immer 3 Fische haben dasselbe Ergebnis.

6 · 9 − 3 · 8
400 + 3 · 80
200 − 50 · 3
48 000 : 80 + 40
60 · 3 − (390 − 260)
(25 + 7) · (90 − 70)
120 : 5 + 13 · 2
27 · 2 − (13 + 11)
(2 400 : 40) : 2

5 Mit welcher Einheit würdest du messen?
a) die Höhe eines Fußballtores
b) die Länge einer Ameise
c) die Länge deines Schulweges

6
a) 19 m + 5 047 m + 3 km
b) 66 cm − 20 cm − 50 mm
c) 7 km + 4 003 m + 207 m
d) 10 km − 3,750 km − 25 m
e) 200 cm + 8,2 km + 706 m

Hohlmaße schätzen und vergleichen

1

a) Nehmt verschiedene Gefäße. Welches Gefäß fasst am meisten?

b) Ordnet die Gefäße der Reihe nach.

2 Mit Bechern oder Tassen könnt ihr die Inhalte von Gefäßen messen.
Schreibt die Ergebnisse in einer Tabelle auf.

Gefäß	Becher	Tassen
Saftflasche	3	

3 Um Hohlmaße von Gefäßen zu vergleichen, braucht man ein einheitliches Maß.
In der Küche werden Flüssigkeiten oft mit einem Messbecher abgemessen. Er fasst genau einen Liter.

a) Wie viele Jogurtbecher fasst ein Messbecher? Probiere.

b) Suche andere Gefäße, die genau einen Liter fassen.

c) Wie viele Liter fasst ein großer, wie viele Liter ein kleiner Eimer? Probiere es aus!

Hohlmaße misst man in Liter (l).

4 a)

Stina gießt die Pflanzen im Schulgarten. Mit der 5-l-Gießkanne muss sie 10-mal gehen. Der Hausmeister nimmt die 10-l-Kanne.

b)

Die Klasse 3a hat ein Aquarium. Wie viele Gießkannen Wasser passen da hinein?

5 a) Anton möchte genau 7 Liter Wasser in eine Wanne abfüllen. Zum Abmessen hat er aber nur einen 5-l- und einen 3-l-Eimer. Wie kann er schütten?

b) Daniel möchte nur 4 Liter abfüllen.

Liter und Milliliter

1

1 Liter = 1 000 Milliliter
1 l = 1 000 ml

a) Messt den Inhalt der folgenden Gefäße: Tasse, Jogurtbecher, Vase, Gießkanne ...
b) Sammelt Gefäße mit Liter- und Milliliterangaben.

2

Mia möchte rote Grütze kochen. Laut Rezept benötigt sie dafür 1 Liter Wasser. Zum Abmessen stehen Mia nur diese Gläser zur Verfügung. Suche verschiedene Möglichkeiten.

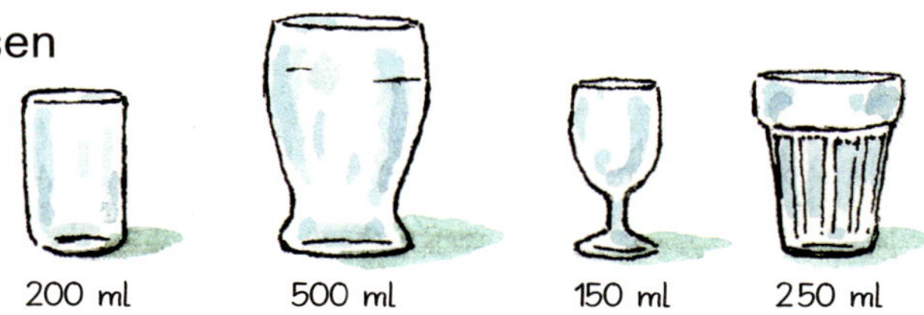

250 ml + ... = *1* l

3

Ergänze zu einem Liter.

250 ml + *750* ml = *1* l

a)	b)	c)
250 ml	600 ml	150 ml
125 ml	400 ml	950 ml
50 ml	430 ml	675 ml

4

Wandle um.

$\frac{3}{4}$ l = ▭ ml

$\frac{3}{4}$ l, $\frac{1}{2}$ l, 1 l, $\frac{1}{4}$ l

5

Ordne nach der Größe.

- Packung Milch 1 l
- großer Eimer 10 l
- Flasche Ketchup $\frac{1}{2}$ l
- Trinkglas 200 ml
- Duschgel $\frac{1}{4}$ l
- Mülltonne 80 l
- Hustensaft 150 ml
- Gießkanne 5 l
- Badewanne 140 l

6

a)

Kinderpunsch
(ergibt 15 Gläser)
2 l Apfelsaft
1 l Orangensaft
1 Sternanis
2 Nelken
Erwärmen und mit Honig abschmecken.

b) Zur Feier kommen 60 Personen.

7

Diese Hohlmaße kannst du dir merken.

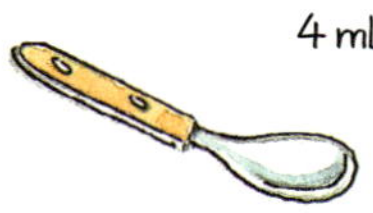
4 ml

250 ml $\frac{1}{4}$ l

500 ml $\frac{1}{2}$ l

750 ml $\frac{3}{4}$ l

1000 ml 1 l

Suche andere Gefäße, die ungefähr so viel fassen.

Liter und Milliliter

1

$\frac{1}{4}$ l =	0,25 l =	250 ml
$\frac{1}{2}$ l =	0,5 l =	500 ml
$\frac{3}{4}$ l =	0,75 l =	750 ml
$1\frac{1}{2}$ l =	1,5 l =	1 500 ml

Die Klasse 4a hat sich Rezepte ausgesucht. In Rezepten werden die Mengen für Flüssigkeiten oft in Teelöffeln (TL), Esslöffeln (EL) oder Tassen angegeben.

Auf einen Teelöffel passen 4 Milliliter.

a) Wie viele Milliliter sind es jeweils?
   1 EL fasst 3 TL.
   1 Wasserglas fasst 50 TL.
   1 Tasse fasst $12\frac{1}{2}$ EL.

b) Miss den Inhalt weiterer Gefäße.

c) So steht es in manchen Rezepten. Wie viele Milliliter sind es jeweils?

1 Tasse Wasser | 4 EL Brühe | 2 TL Senf | $\frac{1}{2}$ TL Zitronensaft | 2–3 EL Speiseöl

d) In der Küche tropft der Wasserhahn, jede Sekunde einmal. In einen Teelöffel passen 20 Tropfen. Wie viele Milliliter Wasser werden dadurch in einer Minute (in einer Stunde, an einem Tag) verschwendet?

e) Die Kinder wollen das Wasser in einem 3-Liter-Topf auffangen.

2

Gruppe 1

Kürbissuppe KLEINER VAMPIR
(für 12 Personen)
1 Kürbis (1 kg Kürbisfleisch)
1 Würfel Gemüsebrühe
250 g Frischkäse mit Kräutern
$\frac{1}{2}$ l süße Sahne
Curry
1 Prise Salz und Pfeffer
Das obere Kürbis-Viertel abschneiden. Mit einem Löffel das Fruchtfleisch herausschälen. Den Brühwürfel in $\frac{1}{2}$ l heißem Wasser auflösen. Das Kürbisfleisch hinzugeben und kochen bis die Suppe cremig wird (evtl. pürieren). Danach den Frischkäse und die Sahne unter die Suppe rühren. Mit den Gewürzen abschmecken.

Gruppe 2

MILCHSHAKE
(für 2 Personen)
1 Banane
5 EL Jogurt
1 Päckchen Vanillinzucker
$\frac{1}{2}$ Liter Milch
Die Banane in einem hohen Becher pürieren. Den Jogurt, die Milch und den Vanillinzucker dazugeben und noch einmal quirlen. Den Shake in 2 Gläser füllen.

a) Jedes Rezept soll für 24 Kinder zubereitet werden. Wie viel benötigt man?

b) Was muss jede Gruppe einkaufen?

c) Hast du ein Lieblingsrezept? Erstellt zusammen ein Klassenkochbuch.

3 Immer 2 Angaben ergeben zusammen ganze Liter.

$\frac{3}{4}$ l | 600 ml | $\frac{1}{2}$ l | 0,2 l | 0,5 l
0,4 l | 800 ml | 0,250 l | 1,5 l | 0,33 l
750 ml | 670 ml | $\frac{1}{4}$ l | $2\frac{1}{2}$ l

Wasserverbrauch

So viel Wasser wird durchschnittlich im Haushalt verbraucht:

20 l
einmal Geschirr spülen

9 l
täglich waschen
und Zähne putzen

10 l
täglich
trinken und kochen

50 l
einmal Wäsche waschen

1 Zeichne ein Blockbild zu den Verbrauchsangaben. Verwende für 5 Liter ein Kästchen.

2 a) Wie viel Wasser verbrauchst du in einer Woche? Zeichne eine Tabelle und fülle sie aus.

b) Wie viel Wasser wird in eurem Haushalt an einem Tag verbraucht? Rechne den Verbrauch aller Personen in eurem Haushalt zusammen. Berücksichtige auch den Wasserverbrauch für Wohnungsreinigung, Wäsche waschen oder andere Dinge, die nicht täglich anfallen. Verwende die angegebenen Durchschnittswerte.

	täglich	in einer Woche
Waschen/Zähne putzen		
Trinken/Kochen		
Toilette		
Baden/Duschen		

15 l
täglich Wohnung reinigen

3 Findest du heraus, wie viel Wasser in deiner Schule am Tag und in der Woche verbraucht wird? Lege eine Tabelle an.

35 l
einmal duschen

9 l
einmal Toilette spülen

140 l
ein Wannenbad

Quadercity

1 Aus wie vielen Quadern bestehen die Gebäude?

Gebäude	Anzahl
1	9
2	
3	

2

3 Welche Gebäude gehören zu diesen Bauplänen? Notiere die Lösungen im Heft.

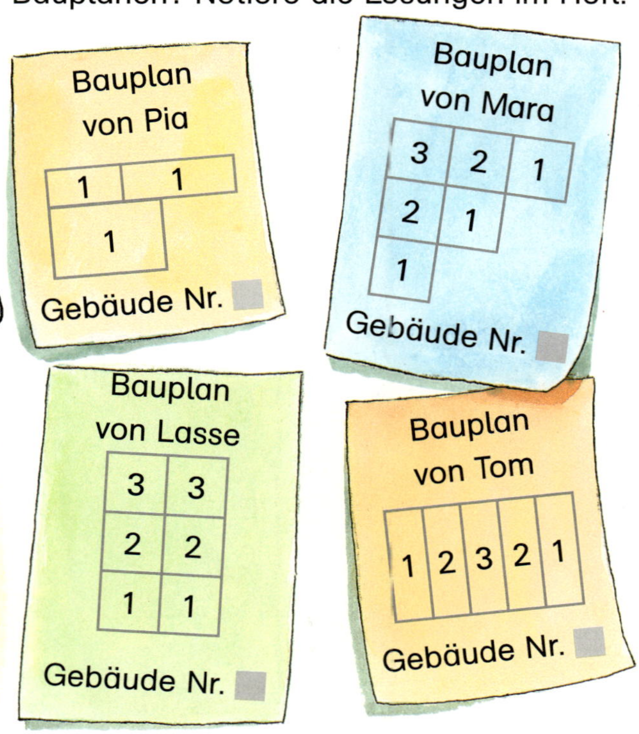

Alle Bauwerke bestehen aus den gleichen Würfeln oder Quadern.

4 Zeichne die fehlenden Baupläne.

5 Vergleiche.

a) Wodurch unterscheiden sich die Häuser 6 und 8 (die Häuser 7 und 9)?

b) Was haben folgende Baupläne gemeinsam? Baue!

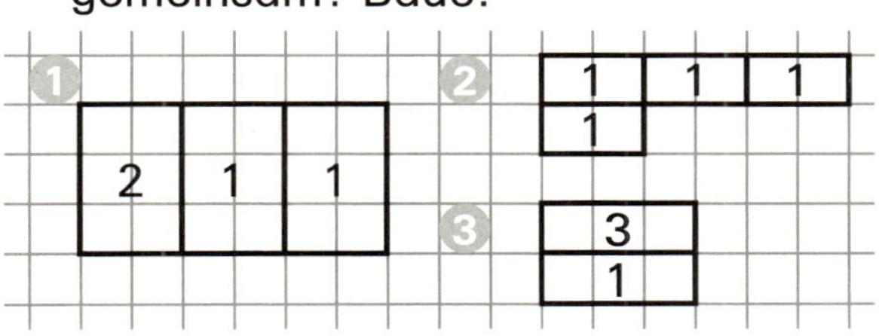

6 Baue selbst neue Gebäude nach Plan.

Aus den Würfeln wurde jeweils eine Ecke herausgesägt.

a) Finde heraus, in welchen Würfel die Ecke A passt. Begründe!
Warum passt Ecke A nicht auch in die anderen Würfel? Begründe ebenfalls!

b) In welche Würfel passen die Ecken B bis E?

1 Alissa und Maxim machen mit ihren Eltern einen Ausflug im Segelboot. Von Westen kommend, fahren sie an der Küste entlang. Dabei hat Alissa 6 Fotografien gemacht. Sie sind durcheinander geraten. Bringe sie in die richtige Reihenfolge.

a) 
b) 
c) 
d) 
e) 
f) 

2 Matrose Tom hat in Kleinhafen ein Ruderboot liegen. Er fährt mit Lars zum Angeln. Wenn sie zur Küste blicken, liegt die Windmühle direkt hinter dem Leuchtturm. Später liegt der Kirchturm zwischen dem Leuchtturm und der Windmühle. Dann verschwindet die Mühle hinter dem Kirchturm. Als sie an Land gehen, sehen sie die Windmühle zwischen den beiden Türmen.
Wie sind die beiden gefahren und wo haben sie angelegt?

3 Alissa spaziert mit ihrem Hund Bello in den Dünen. Dabei zeichnet sie die Bauwerke von 5 verschiedenen Plätzen (1 bis 5) aus.

a) Ein Bild siehst du hier. Wo wurde es gezeichnet?
b) Wie sehen die restlichen Bilder aus? Skizziere sie.

Schriftlich multiplizieren

1

2 Rechne schriftlich wie Mia oder Fatma.

a) 312 · 3 (6) 241 · 2 121 · 4 203 · 3 410 · 2

b) 2131 · 3 4334 · 2 1032 · 3 2201 · 4 3123 · 2

3

4

a)	b)	c)	d)	e)
475 · 3 12	305 · 5 13	568 · 3 12	1308 · 4 12	3476 · 3 15
248 · 4 20	270 · 7 18	365 · 7 17	4262 · 5 7	5109 · 4 15
419 · 2 19	109 · 9 18	987 · 8 30	3187 · 3 21	7251 · 6 18
253 · 3 21	560 · 2 4	708 · 8 21	6824 · 7 32	2037 · 8 24

1 Rechenkonferenz: Verschiedene Rechenwege werden vorgestellt und besprochen.

1 Überschlage zuerst, rechne dann genau.

Ü: 20000 · 4 =

21687 · 4
48

a) 342 · 2
534 · 5
216 · 3
137 · 6

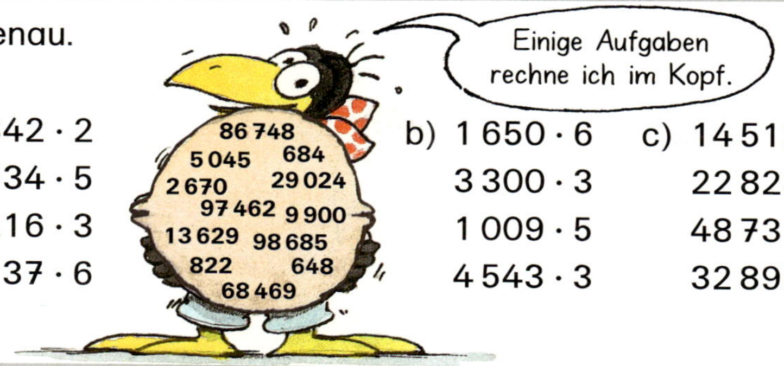

b) 1650 · 6
3300 · 3
1009 · 5
4543 · 3

c) 14512 · 2
22823 · 3
48731 · 2
32895 · 3

2 In jedem Päckchen haben die Ergebnisse die gleiche Quersumme.

a)	b)	c)	d)
2165 · 4	33114 · 3	11328 · 4	9991 · 1
1471 · 5	13272 · 6	259 · 6	44627 · 2
11935 · 2	333 · 3	4467 · 5	18673 · 4
808 · 8	4437 · 2	30371 · 3	427 · 7

3 a) Die Grundschule am Park bekommt an jedem Schultag 217 Päckchen Milch geliefert.

b) An der Johannes-Schule haben 248 Kinder Milch bestellt. Mittwochs kommt der Milchlieferant leider nicht.

c) Die Kinder der Grundschule Waldstraße bekommen in diesem Monat 8-mal Äpfel geliefert. 163 Kinder haben einen Apfel, 37 Kinder zwei Äpfel und 71 Kinder keinen Apfel bestellt.

d) In der Südschule verkauft der Hausmeister in den Pausen Brötchen, 3-mal pro Woche sogar Pizzabrötchen. Davon verkauft er 90 mit Salami und 135 mit Schinken.

4 Immer 2 Fische haben dasselbe Ergebnis.

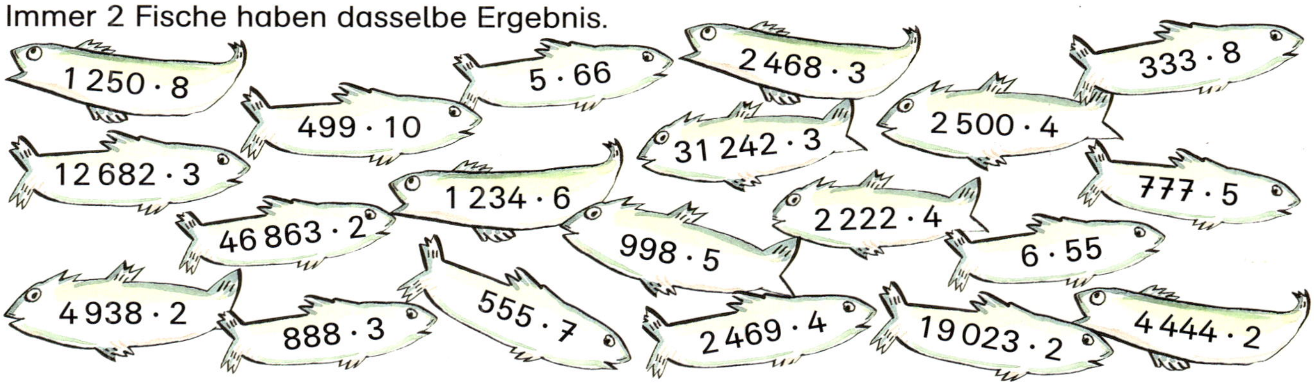

5

Fehlersuche

1 In jedem Aquarium sind falsche Ergebnisse. Angle sie dir! Oft reicht der Überschlag.

2 Finde Rechenfehler! Bei einigen Aufgaben reicht der Überschlag.

4 0 1 7 · 5
2 0 0 8 5

4 017 · 5	147 · 7	809 · 8
2085	1029	6402

4 731 · 2	3 012 · 8	24 732 · 3
10462	2496	64196

394 · 9	12 578 · 4	6 271 · 6
3546	40312	37626

3

a) Das Achtfache von 333 ist meine Zahl.

b) Meine Zahl ist das Fünffache von 1234.

c) Das Doppelte von 8 534 führt dich zu meiner Zahl.

d) Du findest meine Zahl, wenn du 2 627 zuerst mit 3 multiplizierst und dann das Sechsfache des Ergebnisses bildest.

e) Meine Zahl findest du, wenn du 9 876 mit 9 multiplizierst und dann 9 876 addierst.

4

a)

704 · 3	704 · 6
714 · 3	714 · 6
724 · 3	724 · 6
___ · 3	___ · 6

b)

415 · 3	416 · 3
514 · 3	614 · 3
516 · 3	517 · 3
615 · 3	715 · 3

Schriftlich multiplizieren mit Kommazahlen

1 Kira und Leo planen eine Party mit 6 Freunden. Sie überlegen, was sie brauchen.

a) David kauft für seine Oma 3 Flaschen Orangensaft. — 5 Euro

b) Karla möchte jedem Kind zu ihrem Geburtstag einen Pudding ausgeben. 24 Kinder sind in Karlas Klasse.

c) 4 x Pizza
2 Tüten Chips — 10 Euro

d) 3 x Jogurt
5 Flaschen Orangensaft
6 Schokoriegel — 10 Euro

e) 2 x Kuchenbackmischung
8 Flaschen Orangensaft
3 x Pizza
2 Pck. Pudding

f) Für das Klassenfest soll Zoé 9 Flaschen Orangensaft und 6 Tüten Chips kaufen. — 20 Euro

g) 7 Schokoriegel
1 Beutel Orangen
3 Pck. Pudding

h) Bastian soll sich um den Nachtisch für das Abendessen kümmern. Er möchte Jogurt für seine Eltern, seine 2 Brüder und sich kaufen.

i) Tobias möchte für seine Familie frisch gepressten Orangensaft machen. Er kauft dafür 3 Beutel Orangen.

j) Du hast 10 Euro. Was möchtest du kaufen?

2 Sparwoche bei Sparfix: Wie viel Geld kannst du sparen?

Wie rechnest du?

1 Entscheide, wie du rechnest.

2 Wie rechnest du hier? Entscheide bei jeder Aufgabe neu.

3 Flaschenpost

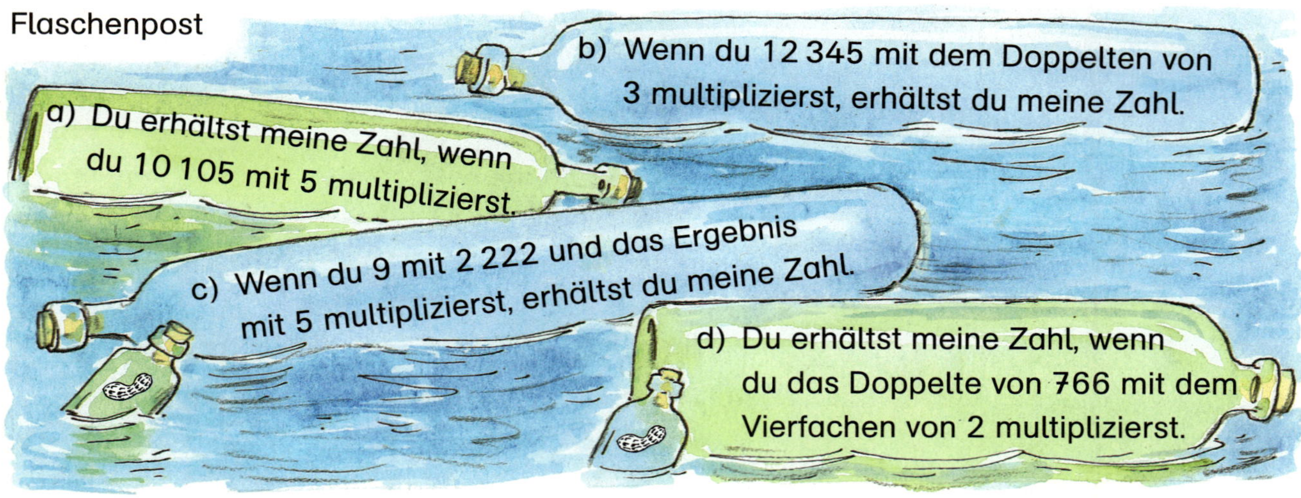

Wiederholung

24 → : 6 → □ → · 3 → □ → : 2 → □ → · 7 → □ → : 2 → 21

24 → : 4 → □ → · 9 → □ → : 2 → □ → : 3 → □ → · 7 → □ → − 27 → □ → : 6 → □ → · 5 → □ → : 3 → 10

21 → : 7 → □ → · 6 → □ → : 9 → □ → · 2 → □ → · 7 → □ → + 36 → □ → : 8 → □ → · 5 → □ → : 10 → 4

10 → · 7 → □ → : 2 → □ → : 7 → □ → · 8 → □ → : 10 → 4

1 **Multiplikationskönig** – Spiel für 2 Personen

Ihr braucht:
1 Spielwürfel

Ziel:
Wer mit seiner Rechnung das höchste Ergebnis erreicht hat, gewinnt.

So geht es:
Es wird abwechselnd je 5-mal gewürfelt.
Nach jedem Wurf trägst du deine gewürfelte Zahl in ein Rechenkästchen ein.
Die beiden entstandenen Zahlen werden nun multipliziert.
Nachdem jeder 3 Multiplikationsaufgaben gelöst hat, werden die Ergebnisse addiert.

2 Multipliziere die Zahlen in jedem Luftballon und ordne die Ergebnisse jeder Farbe nach der Größe. Beginne mit der kleinsten Zahl.
Die richtige Reihenfolge der Wörter ergibt einen Satz.

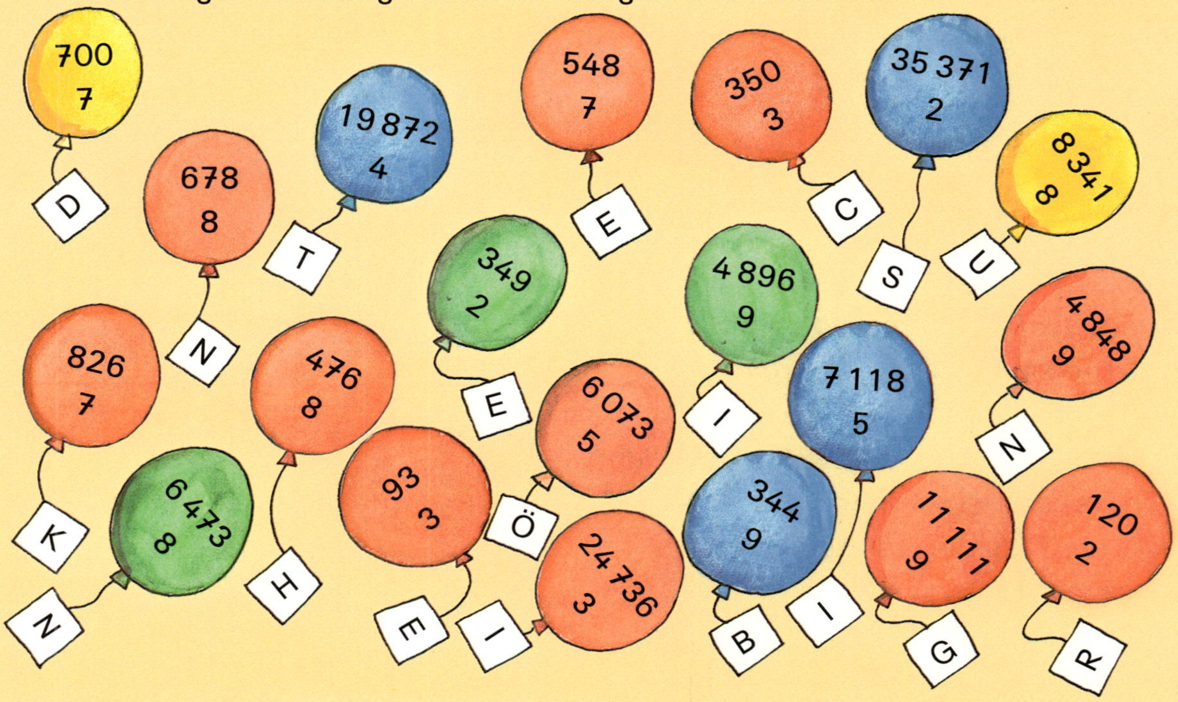

Auf dem Reiterhof

Lösungswege vergleichen

1 Anke verbringt mit ihren Eltern 3 Tage auf dem Reiterhof Dachsmühle. Sie haben Vollpension gebucht und Anke nimmt 4 Stunden zusätzlichen Reitunterricht. Wie hoch ist die Rechnung?

2 Julian möchte gerne in den Ferien von Montag bis Freitag Urlaub auf dem Reiterhof machen. Er berechnet die Gesamtkosten. Was könnte er beim Komplettangebot für Klassenreisen sparen?

3 Familie Berger plant 7 Tage Urlaub auf dem Reiterhof. Herr und Frau Berger sowie die beiden Töchter Inga und Maike entscheiden sich für die Ferienwohnung B. Da sie in der Ferienwohnung selbst kochen können, rechnen sie für die Verpflegung der ganzen Familie 30 Euro pro Tag ein. Die beiden Kinder wollen jeweils 2 Stunden am Tag reiten. Herr und Frau Berger reiten jeweils nur 1 Stunde pro Tag.

a) Was rechnen Inga und Maike aus? Stelle dazu die passende Frage.

b) Vergleiche die Lösungswege der beiden. Was fällt dir auf?

c) Rechne und antworte.

INGA
8,80 € · 4 = 35,20 €
(35,20 € + 43 € + 30 € + 23,60 €) · 7 = ▢
▢ + 21,50 € = ▢

Maike	pro Tag	Tage	gesamt
Ferienwohnung	43 €	7	
Reitstunden Kinder	35,20 €	7	
Reitstunden Eltern	23,60 €	7	
Verpflegung	30 €	7	
Endreinigung	–	–	21,50 €

Tierarzt

Kosten pro Jahr

Impfungen	ca. 65 €
Wurmkur	ca. 40 €
Untersuchungen	ca. 100 €

Stallmiete

Eine Box im Stall kostet ungefähr 180 € im Monat.

Hufschmied

sechsmal im Jahr

Hufe ausschneiden	ca. 40 €
Hufe beschlagen	ca. 80 €

Kaufpreis eines Pferdes

Reitpferde gibt es ab ca. 1 500 € zu kaufen. Der Preis kann aber auch bis zu 6 000 € betragen. Bei sehr wertvollen Zucht- und Turnierpferden gibt es keine Preisgrenze nach oben.

Haftpflichtversicherung

Jahresbeitrag ca. 75 €

Futter und Stallpflege

täglicher Futterbedarf:

Hafer	ca. 5 kg
Heu	ca. 8 kg
Stroh	ca. 20 kg

Reitbeteiligung

In der Zeitung wird eine Reitbeteiligung für 150 € im Monat angeboten. Darin sind alle Kosten für Stall, Futter, Tierarzt, Hufschmied und Versicherung enthalten. Das Pferd kann an zwei Tagen in der Woche geritten werden und muss an diesen Tagen auch versorgt werden.

Futterkosten

Hafer	ca. 12 €
Heu	ca. 14 €
Stroh	ca. 8 €

So viel kosten je 100 kg.

Weitere Futterkosten

Mineralfutter	ca. 50 €
Wasser	ca. 20 €

Diese Kosten entstehen in einem Jahr.

Arbeitszeit

tägl. Ausmisten	ca. $\frac{1}{2}$ Stunde
tägl. Füttern	ca. $\frac{1}{2}$ Stunde
tägl. Reiten	ca. 2 Stunden

1 Inga rechnet, wie viel Zeit sie für die Versorgung eines eigenen Pferdes in einem Jahr bräuchte. Sie hat sich dazu einige Fragen notiert.
Bringe die Fragen in die richtige Reihenfolge und antworte. Rechne mit 30 Tagen für einen Monat.

a) Wie viel Zeit brauche ich in einem Jahr?

b) Wie viel Zeit benötige ich insgesamt an einem Tag?

c) Wie viel Zeit brauche ich insgesamt in einem Monat?

2 Maike möchte gern ein eigenes Pferd. Vater rechnet aus, dass nach dem Kauf des Pferdes Futter- und Stallkosten in Höhe von 3 441,80 € pro Jahr entstehen. Dazu kommen noch …

3 Schreibe Aufgaben zu den Themen Reiterhof und Pferdehaltung für die Sachrechenkartei.

Tonne und Kilogramm

Alle Angaben sind Leergewichte.

1 a) Ordne die Gewichtsangaben und Namen den abgebildeten Fahrzeugen zu.

		t	kg			
Muldenkipper	15 565 kg	15	5	6	5	15,565 t

b) Erstelle eine Tabelle und schreibe in Tonnen mit Komma. Beginne mit dem schwersten Fahrzeug.

Das Komma trennt Tonne und Kilogramm:
15,565 t = 15 t 565 kg = 15 565 kg

2 a) Wandle um in Kilogramm und ordne. Beginne mit dem Schwersten.

1 t = 1 000 kg
$\frac{1}{2}$ t = 500 kg

4,600 t	1,242 t	12,240 t
9,050 t	0,050 t	0,460 t
$\frac{1}{2}$ t	0,950 t	9,500 t
4,060 t	500 t	12,420 t

b) Wandle um in Tonnen und ordne. Beginne mit dem Leichtesten.

6 670 kg	10 421 kg	340 kg
3 040 kg	2 500 kg	6 607 kg
45 300 kg	90 kg	14 210 kg
500 kg	45 003 kg	9 kg

3 a) In die Klasse 4a der Gartenschule gehen 24 Schüler, in die Klasse 4b gehen 26 Schüler. Wie schwer sind die Schüler der Klassen ungefähr zusammen?

b) Die beiden Klassen fahren mit dem Reisebus der Firma *Schöner-Reisen* ins Theater. Alle Schüler und beide Lehrerinnen fahren mit. Wegen einer Baustelle wurde in der Straße vor der Schule vorübergehend dieses Schild aufgestellt. Der Busfahrer macht sich deshalb Sorgen.

Durchschnittliches Körpergewicht bei Menschen

Alter	6 Jahre	10 Jahre	14 Jahre	18 Jahre	ab 22 Jahren
Gewicht	24 kg	35 kg	54 kg	67 kg	72 kg

1 a) Suche oben alle Gewichtsangaben und trage sie in eine Tabelle ein.

	t	kg			
3,5 t	3	5	0	0	3 500 kg

b) Wie schwer ist ein Autotransportwagen ungefähr, wenn er mit Autos voll beladen ist? Vergleiche mit dem zulässigen Gesamtgewicht.

c) Ein Autozug besteht aus einer Diesellok (120 t) und 4 (6, 8, 10) vollbeladenen Autotransportwagen. Gib das ungefähre Gesamtgewicht der Züge an. Erstelle dazu eine Tabelle.

2 Was gehört zusammen?

a)	4,5 t	e)	95,5 t
b)	45 t	f)	9,005 t
c)	4,050 t	g)	9,050 t
d)	0,5 t	h)	9,055 t

9 t 5 kg **E** — 45 000 kg **A** — $\frac{1}{2}$ t **R**

9 t 55 kg **G** — 4 t 500 kg **F**

405 kg **A** — 95 500 kg **Z** — 9 050 kg **U**

9 t 550 kg **R** — 4 050 kg **H** — 955 kg **D**

3 Die Gartenschule bekommt einen neuen Schulhof. Dazu wurden 7 Paletten Pflastersteine mit je 1 370 kg, 6 Paletten Randsteine mit je 420 kg und 5 Sack Zement mit je 50 kg bei der Firma *Baustoff-Scholl* bestellt.

a) Wie viel wiegen die bestellten Waren?

b) Wie viele Fahrten sind zur Lieferung nötig?

c) Was wird bei den einzelnen Fahrten mitgenommen? Plane die Fahrten und finde mehrere Möglichkeiten.

Kilogramm und Gramm

1 Schultaschen-TÜV in der Klasse 4a:

a) Trage das Gewicht der Schultaschen der Kinder in eine Tabelle ein.
b) Wer hat die leichteste (die schwerste) Tasche? Vergleiche.
c) Würde deine eigene Tasche durch den Schultaschen-TÜV kommen?

		kg	g			
Bastian	4,3 kg	4	3	0	0	4 300 g

Das Komma trennt Kilogramm und Gramm:
4,300 kg = 4 kg 300 g = 4 300 g

2

Jans Stundenplan:		
	Montag	Dienstag
1		Mathe
2	Deutsch	Deutsch
3	Mathe	Deutsch
4	Heimat- und Sachunterricht	Religion
5		Musik
6	Kunst	

a) Packe Jans Schultasche für Montag und Dienstag und berechne für jeden Tag das Gewicht der Tasche. Muss er mehr als 3 $\frac{1}{2}$ kg tragen?
b) Reduziere das Gewicht von Jans Schultasche. Was kann in der Schule bleiben? Was kann zu Hause bleiben?
c) Was ist in deiner Schultasche unnötig?

Überlegt in der Klasse, wie ihr in Zukunft das Gewicht eurer Schultaschen verringern könnt.

3 Immer 2 Angaben ergeben zusammen volle Kilogramm.

4,780 kg + 220 g = 5 kg

970 g | $\frac{1}{4}$ kg | 1 950 g | 1,050 kg | 4,780 kg | $\frac{1}{2}$ kg | 4,978 kg | 0,030 kg | 22 g | 220 g | 47,8 kg | 9,750 kg | 10,5 kg | 0,2 kg

Tonne, Kilogramm und Gramm

1

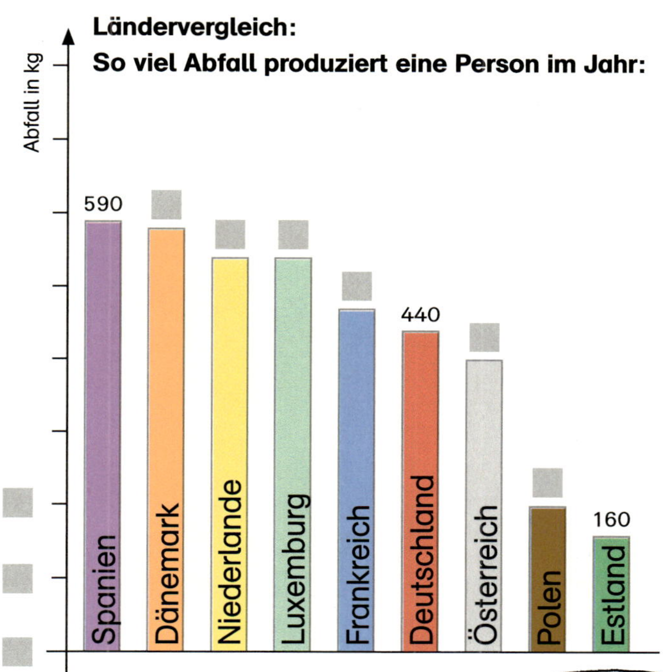

a) Wie viel Kilogramm Abfall entspricht ein Millimeter Streifenlänge?

b) Übertrage das Diagramm in dein Heft und vervollständige die Angaben.

c) Vergleiche die Abfallmenge für Deutschland mit den anderen Ländern.

d) Im Hochhaus Kaiweg 7 wohnen 40 Bewohner. Wie viel Müll produzieren sie im Jahr? Vergleiche mit dem Fassungsvermögen eines Müllfahrzeuges.

2

a) Hat Trax Recht? Überschlage.

b) Übertrage die Tabelle in dein Heft und vervollständige sie.

c) Ein Müllfahrzeug kann mit einer Fahrt den wöchentlichen Müll von rund 1 000 Personen abtransportieren! Stimmt das?

Zeitraum	Abfallmenge
1 Tag	kg
2 Tage	
1 Woche	
2 Wochen	
1 Monat (4 Wochen)	

3

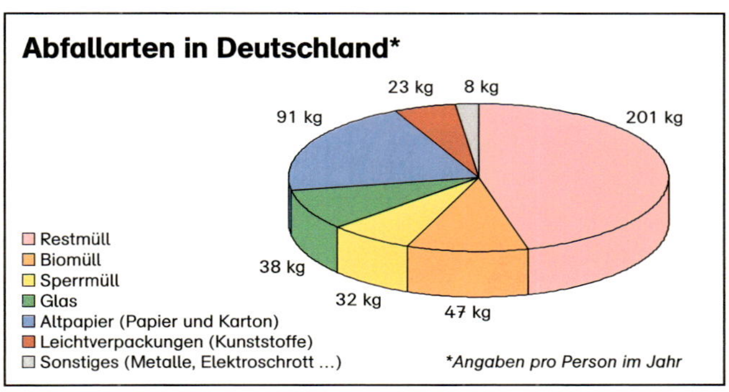

a) Was kann man aus dem Schaubild ablesen? Erkläre die einzelnen Werte.

b) Ein DIN A4-Schulheft wiegt ca. 100 g. Wie viele Schulhefte entsprechen der jährlichen Altpapiermenge einer Person?

c) Finde ähnliche Vergleiche für die anderen Müllarten.

4

Abfallprojekt

a) Findet heraus, wie viel Abfall eure Klasse in einer Woche produziert. Wiegt dazu täglich am Ende des Unterrichts die Mülleimer. Denkt daran, dass auch die leeren Mülleimer etwas wiegen!

b) Bestimmt anhand dieser Abfallmenge, wie viel Abfall pro Monat, pro Jahr und in eurer gesamten Grundschulzeit ungefähr anfällt.

c) Wie könntet ihr die Abfallmenge eurer Klasse vermindern?

Schriftlich dividieren

1

Felix rechnet so:

H	Z	E				H	Z	E
5	5	5	:	3	=			
3	0	0	:	3	=	1	0	0
2	4	0	:	3	=		8	0
	1	5	:	3	=			5

Tina rechnet so:

	H	Z	E				H	Z	E
	5	5	5	:	3	=	1	8	5
−	3								
	2	5							
−	2	4							
		1	5						
	−	1	5						
			0						

Tina beginnt mit den Hundertern und spricht so:

5H : 3 = 1H Rest 2H,
25Z : 3 = 8Z Rest 1Z,
15E : 3 = 5E.

P: 185 · 3

2 Überschlage und rechne.

H	Z	E				H	Z	E
3	9	6	:	3	=			

H	Z	E				H	Z	E
6	5	6	:	4	=			

132 246 114 141 139 125 248 124 112 134 135 322 157 231 164

a)	b)	c)
834 : 6	984 : 4	798 : 7
744 : 3	938 : 7	992 : 8
896 : 8	966 : 3	675 : 5
785 : 5	684 : 6	875 : 7
417 : 3	924 : 4	846 : 6

3 In jedem Päckchen haben die Ergebnisse die gleiche Quersumme.

	T	H	Z	E				T	H	Z	E
	5	7	9	5	:	5	=	1	1		
−	5										
	0	7									
−		5									
		2	9								

a)	b)	c)
7 945 : 7	8 936 : 4	5 736 : 4
904 : 4	685 : 5	735 : 5
816 : 6	708 : 3	738 : 3

d)	e)	f)
7 584 : 6	8 616 : 6	8 652 : 2
7 962 : 6	879 : 3	9 984 : 8
5 164 : 4	9 789 : 3	9 528 : 4

4

1 Überschlage und rechne dann genau.

a) 6 315 : 5
79 415 : 7
65 296 : 4
94 896 : 8

b) 98 895 : 3
99 824 : 4
97 344 : 2
98 752 : 4

c) 3 255 : 5
86 415 : 7
7 722 : 6
8 388 : 6

d) 9 144 : 6
79 695 : 7
6 456 : 4
7 074 : 6

e) 9 457 : 7
6 324 : 4
7 788 : 6
79 455 : 3

2

a) 644 : 7 11
432 : 6 9
2 912 : 7 11
77 805 : 9 23

b) 66 776 : 8 22
1 125 : 5 9
2 576 : 7 17
4 785 : 5 21

c) 2 232 : 3 15
3 670 : 5 14
2 688 : 4 15
30 844 : 4 16

d) 25 795 : 7 22
2 169 : 9 7
15 255 : 9 21
13 116 : 2 24

3

a)

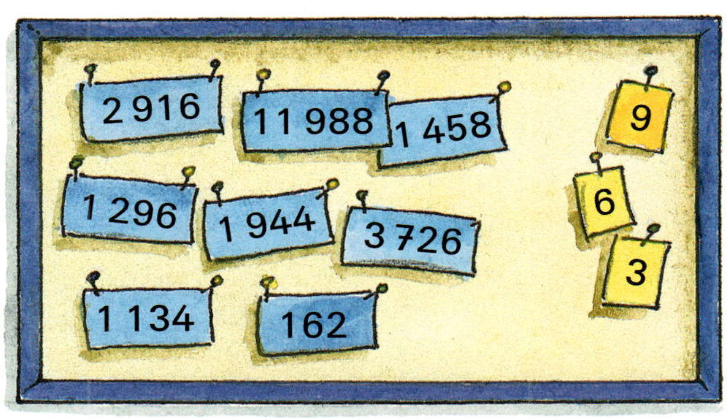

b)

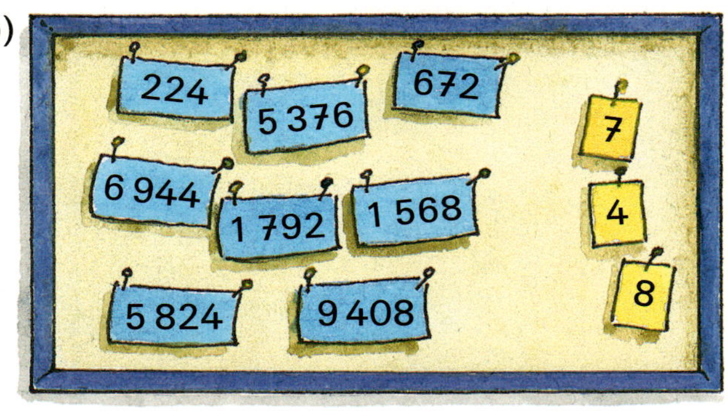

4 Überschlage.

a) Liegt das Ergebnis zwischen 200 und 300?

984 : 4
1011 : 3
980 : 5
1734 : 6
2 569 : 7

b) Liegt das Ergebnis näher bei 5 000 oder bei 6 000?

17 949 : 3
42 368 : 8
35 940 : 6
21 456 : 4
36 967 : 7

c) Liegt das Ergebnis näher bei 7 000 oder bei 8 000?

14 826 : 2
51 821 : 7
69 210 : 9
61 608 : 8
37 500 : 5

Mit Nullen schriftlich dividieren

1

2 In jedem Päckchen haben die Ergebnisse die gleiche Quersumme.

a)	b)	c)	d)	e)
741 : 3	976 : 2	8 720 : 8	678 : 2	95 035 : 5
8 944 : 4	90 462 : 6	8 428 : 4	7 476 : 7	68 034 : 6
52 175 : 5	73 346 : 7	93 963 : 3	94 824 : 9	90 258 : 3
88 064 : 2	29 112 : 3	24 792 : 6	5 664 : 8	32 036 : 4

3 Finde Rechenfehler! Bei einigen Aufgaben reicht der Überschlag.

91 056 : 7 = 1 308
7 091 : 7 = 1 013
9 201 : 3 = 367
561 114 : 6 = 93 519
140 581 : 7 = 2 083
24 056 : 8 = 307

9 005 : 5 = 181
7 080 : 4 = 1 770
294 042 : 6 = 49 006
4 375 : 5 = 870
64 968 : 4 = 16 242
24 210 : 3 = 8 060

4

a) Bilde die größte Zahl aus den Ziffern 2, 7, 9, 3, 6 und dividiere sie durch 3.

b) Bilde die kleinste Zahl aus den Ziffern 6, 4, 3, 8, 5 und dividiere sie durch 4.

c) Subtrahiere 54 131 von 89 546 und dividiere das Ergebnis durch 5.

d) Dividiere die Zahl 53 408 durch 8 und addiere zum Ergebnis die Zahl 6 685. Multipliziere die Summe mit 3.

e) Subtrahiere 149 von 375 und dividiere 28 durch 7. Multipliziere die beiden Ergebnisse miteinander.

1 Entscheide, wie du rechnest.

2 Wie rechnest du hier? Entscheide bei jeder Aufgabe neu.

3 Flaschenpost

Schriftlich dividieren mit Kommazahlen

1 Die Eltern der drei Freunde Marius, Susi und Jannik mieten gemeinsam eine Skihütte in den Bergen. Im Dorf kaufen sie Lebensmittel und Getränke für eine Woche ein. Der gesamte Einkauf kostet 456,75 €. Wie viel muss jede Familie bezahlen?

2 An ihrem letzten Urlaubstag essen die 3 Familien in einem Restaurant:

Rechnung

4x Limo	6,40 €
3x Wasser	3,75 €
3x Schorle	5,40 €
5x Suppe	16,75 €
2x Schnitzel	19,50 €
3x Spagetti	16,80 €
2x Pizza	14,50 €
2x Lasagne	14,70 €

a) Berechne die Einzelpreise.

b) Was muss jede Familie bezahlen?

Familie Zimmer: 1 Limo, 1 Wasser, 1 Schorle, 2 Suppen, 1 Schnitzel, 1 Portion Spagetti, 1 Lasagne

Familie Wichert: 2 Limo, 1 Wasser, 1 Schorle, 1 Suppe, 1 Portion Spagetti, 1 Pizza, 1 Lasagne

Familie List hatte den Rest.

3 Der Touristik-Verband im Skiort Balderschwang veranstaltet für seine Gäste eine Langlauf-Rallye. Entlang der Strecke von 21,6 km sollen zwischen Start und Ziel 8 Versorgungsstationen in gleichen Abständen eingerichtet werden. Zeichne zuerst eine Skizze und rechne dann.

4

1 Am Gletscher Gipfelberg warten 562 Skifahrer an der Mittelstation, um mit den Gondeln ins Tal gebracht zu werden.

2 Überschlage und rechne.

a) 6035 : 6
4628 : 3
8401 : 5
2324 : 8

b) 4497 : 7
5358 : 5
7307 : 2
9613 : 9

1068 R1, 1005 R5, 1542 R2, 642 R3, 1071 R3, 1680 R1, 290 R4, 3653 R1

3 Überschlage, rechne und überprüfe.

a)	b)	c)
18259 : 4	17688 : 9	29380 : 7
31043 : 3	54731 : 8	79412 : 6
43728 : 7	25633 : 2	80742 : 9
97853 : 6	87302 : 5	23005 : 3

4 Finde Fragen, rechne und antworte.

a) Eine Gondel der Bergblick-Seilbahn befördert 6 Personen oder 510 kg.

b) Die 6er-Sesselbahn „Hochblick" befördert ca. 2200 Personen pro Stunde.

c) Frau Populos kauft im Skigebiet Bergdorf einen 3-Tages-Skipass für 80 €. Herr Schulz bezahlt für eine Tageskarte 34 €.

d) Fahrplan 2er-Schlepplift „Hausberg"

	Nov. – Feb.	März – April
Erste Bergfahrt:	9.00	8.30
Letzte Talfahrt:	17.00	17.30

Beförderungskapazität Winter: 6384 Personen pro Tag
Beförderungskapazität Frühling: 7182 Personen pro Tag

5 Schneeballschlacht

Suche 5 Aufgaben, die beim Dividieren durch 2 den Rest 1 haben.

Suche 5 Aufgaben, die beim Dividieren durch 5 den Rest 1 (2, 3, 4) haben.

4 Fachterminus „Beförderungskapazität" klären.

1 Was fällt dir auf?

a) 70 : 5, 7 070 : 5, 707 070 : 5

b) 36 : 6, 396 : 6, 3 996 : 6

c) 45 : 9, 495 : 9, 4 995 : 9, 49 995 : 9

d) 84 : 7, 8 484 : 7, 848 484 : 7

e) 9 801 : 9, 8 712 : 4

f) 385 : 5, 385 : 7

g) 1 332 : 3, 1 332 : 4

h) 29 997 : 3, 29 997 : 9

i) 4 936 : 4, 9 872 : 4

2 a) Addiere 3 aufeinander folgende Zahlen. Dividiere die Summe durch 3.

z. B.
```
  3 867
+ 3 868
+ 3 869
-------
 11 604
```
11 604 : 3 = ▢

b) Was passiert, wenn du es mit 4 (5, 6 …) aufeinander folgenden Zahlen versuchst und die Summe durch 4 (5, 6 …) dividierst?

3 Aus 3 verschiedenen Ziffern kannst du immer 6 unterschiedliche dreistellige Zahlen bilden. Addiere sie und dividiere das Ergebnis durch die Quersumme der 3 Ziffern.

z. B.
```
  153
+ 135
+ 513
+ 531
+ 315
+ 351
-----
1 998
```
1 998 : 9 = ▢

4

a)
10 : 9
20 : 9
30 : 9
▢ : 9

b)
4 : 3
8 : 3
16 : 3
▢ : 3

c)
(7 + 1) : 8
(14 + 2) : 8
(21 + 3) : 8
▢ : 8

d)
(10 − 1) : 9
(100 − 1) : 9
(1 000 − 1) : 9
▢ : 9

Rechenwerkstatt

1 a) Dividiere alle Zahlen durch 3.

7 389 | 111 | 222 | 132 | 255 | 1 686 | 414 | 9 672 | 63 217 | 4 264 | 759

b) Bilde von jeder Zahl die Quersumme. Was fällt dir auf?

c) Nenne 5 weitere Zahlen, die du auch durch 3 ohne Rest teilen kannst.

2 Sortiere so, dass kein Rest übrig bleibt.
Zeichne eine Tabelle und kreuze an.

	2 742	2 348
teilbar durch 10		
teilbar durch 6	x	
teilbar durch 5		
teilbar durch 4		
teilbar durch 3	x	
teilbar durch 2	x	

3 a) Dividiere die Zahl 420 durch alle Zahlen von 2 bis 6 und die Zahl 2 520 durch alle Zahlen von 2 bis 10. Was fällt dir auf?

b) Welche 5 Zahlen musst du multiplizieren, um 420 zu erhalten?

c) Welche 7 Zahlen musst du multiplizieren, um 2 520 zu erhalten?

d) Suche noch weitere Zahlen, die man durch alle Zahlen von 2 bis 10 dividieren kann.

4 **Immer 4** – Spiel für 2 Personen

Ihr braucht:
Zahlenkarten von 0 bis 9
8 rote und 8 blaue Plättchen
Spielfeld „Immer 4"

Ziel:
Gewonnen hat, wer zuerst 4 Plättchen senkrecht, waagerecht oder diagonal in einer Reihe hat.

So geht es:
Ziehe insgesamt 5 Karten. Wenn du mit ihnen eine Divisionsaufgabe legen kannst, bei der kein Rest bleibt, darfst du ein Plättchen auf das Spielfeld legen.

Wiederholung

EINMALEINS-TRAINER

560 → : 7 → □ → : 8 → □ → : 2 → □ → · 4 → □ → · 3 → 60

60 → : 5 → □ → : 6 → □ → · 9 → □ → : 3 → □ → · 8 → □ → + 8 → □ → : 7 → □ → : 4 → □ → + 52 → 54

560 → : 8 → □ → : 2 → □ → − 23 → □ → : 4 → □ → · 9 → □ → + 3 → □ → · 3 → □ → : 9 → □ → : 5 → 2

2 → · 11 → □ → · 4 → □ → − 16 → □ → : 8 → □ → · 6 → 54

1 Ordne der Größe nach. Beginne mit der kleinsten Entfernung.

D: 0,25 km
N: 0,2 km
G: 2 550 m
U: 700 m
W: 20 cm
R: 550 m
N: 0,75 km
E: 0,5 km
A: 50 m

2 Immer 3 Fische haben dasselbe Ergebnis. Überschlage zuerst.

1 904 : 4
2 380 : 5
4 676 · 6
3 808 : 8
84 168 : 3
18 774 : 2
15 012 : 3
7 014 · 4
1 668 · 3
15 732 : 9
1 341 · 7
13 984 : 8
46 935 : 5
35 028 : 7
437 · 4

3 Dividiere durch 7 und räume die Bälle in den richtigen Ballwagen.

Wiederholung

EINMALEINS-TRAINER

40 → · 7 → ☐ → : 2 → ☐ → + 60 → ☐ → · 9 → ☐ → : 30 → 60

40 ↓ : 5 ↓ ☐ ↓ · 3 ↓ ☐ ↓ · 2 ↓ ☐ ↓ : 4 ↓ ☐ ↓ + 28 ↓ ☐ ↓ : 5 ↓ ☐ ↓ · 5 ↓ ☐ ↓ · 7 ↓ ☐ ↓ − 20 ↓ 260

60 ↓ · 4 ↓ ☐ ↓ : 3 ↓ ☐ ↓ : 2 ↓ ☐ ↓ : 8 ↓ ☐ ↓ · 6 ↓ ☐ ↓ · 4 ↓ ☐ ↓ · 2 ↓ ☐ ↓ : 3 ↓ ☐ ↓ · 7 ↓ 560

260 → : 5 → ☐ → : 4 → ☐ → + 27 → ☐ → · 7 → ☐ → · 2 → 560

TREPP AUF – TREPP AB

(Spiel für 2 bis 6 Personen)

Du brauchst:
1 Spielstein pro Mitspieler
1 Würfel

Ziel:
Gewonnen hat, wer als Erster genau ins ZIEL kommt.

So geht es:
Stelle deine Spielfigur auf START und würfle.
Rücke entsprechend der Augenzahl vor. Dividiere die Zahl, die auf dem Feld steht, durch die Augenzahl.
Bleibt ein Rest, so setze deine Spielfigur auf die entsprechende Stockwerkszahl (z. B. auf die (3) bei Rest 3).
Kommt kein Rest heraus, so ist dein Spielzug beendet.
Landest du durch Würfeln auf einer Stockwerkszahl, hast du eine Rechenpause und ziehst in der nächsten Runde weiter.

Grafische Lösungshilfen nutzen

1 a) Eric springt nur halb so weit wie Jens. Tom springt 89 cm weiter als Jens. Jens schafft 3,60 m. Wie weit kommt jeder von ihnen?

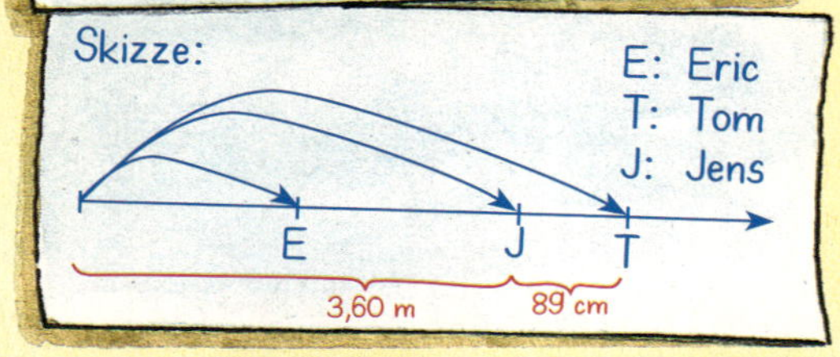

b) Bei den Bundesjugendspielen wirft Jonas den Schlagball 36 m weit; Christian wirft 12 m weiter als Jonas; Louis schafft 2 m weniger als Jonas.

Um wie viele Meter wirft Christian weiter als Louis? Zeichne eine Skizze und löse.

2 a) Lukas und Mia spielen Karten. Zu Beginn hat jeder 14 Karten. Nach der ersten Spielrunde hat Mia 6 Karten weniger als Lukas. Wie viele Karten hat jetzt jeder?

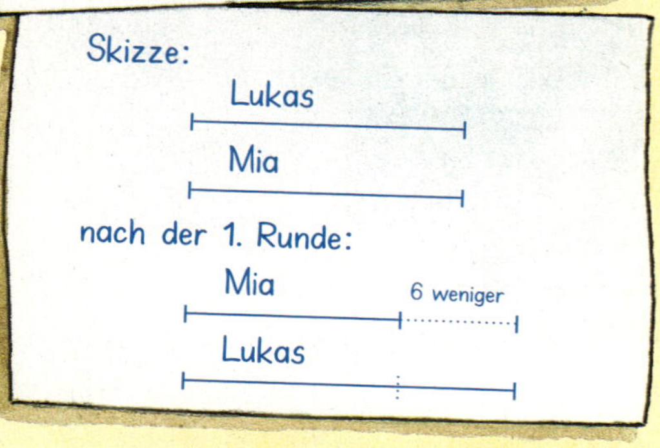

b) Viktoria, Mona und Tanja spielen Murmeln. Jede bringt 18 Stück mit. Nach dem Spiel hat Viktoria 6 Murmeln mehr als Tanja, Mona hat 9 Murmeln mehr als Viktoria.

Wie viele Murmeln hat nun jede von ihnen? Zeichne eine Skizze und löse.

3 Die Pferdekoppel wird neu eingezäunt. Jenny zeichnet mit ihrem Vater eine Skizze. Erkläre die Skizze.

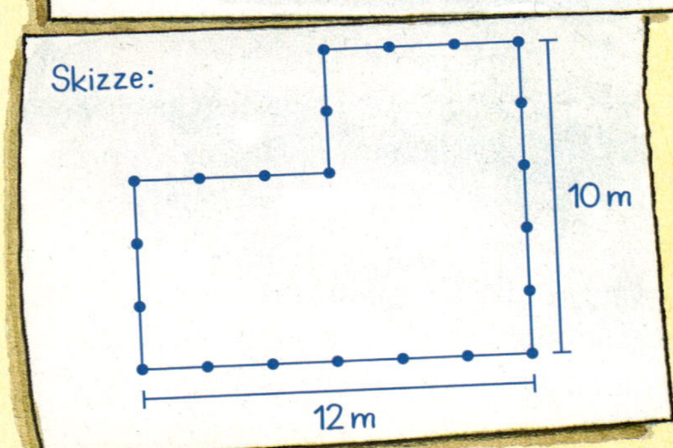

4 Herr Richter möchte sein Grundstück einzäunen. Hierzu setzt er alle 2 m einen Pfosten. Das Grundstück ist rechteckig: 20 m lang und 14 m breit.

a) Wie viele Pfosten braucht er?

b) Ein Meter Zaungeflecht wird im Geschäft für 2,60 € angeboten. Ein Pfosten kostet 8 €. Wie viel kostet der Zaun insgesamt?

Zeichne eine Skizze und löse.

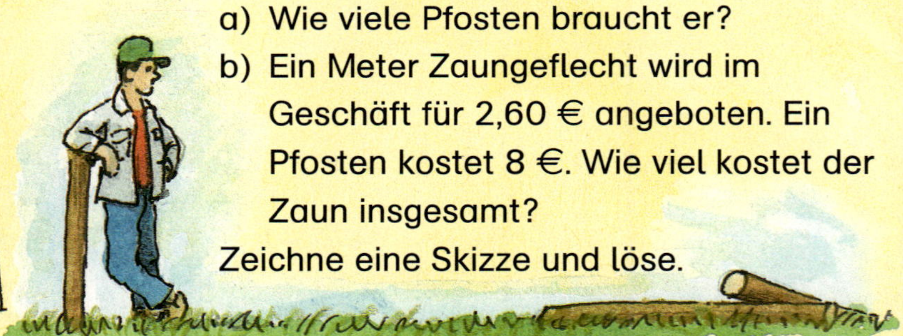

5 Wie könnten die Skizzen zu den folgenden Aufgaben aussehen? Zeichne und löse.

a) Lena bastelt mit ihrer Mutter ein Schlüsselbrett. Das Brett ist 20 cm lang und 10 cm breit. Der Abstand zwischen den 5 Stiften soll 4 cm und der vom ersten und letzten Stift zum Rand soll jeweils 2 cm groß sein. Geht das?

b) Beim Kirschkern-Weitspucken schafft Carsten 2,70 m. Dominik kommt 75 cm weiter; Lukas spuckt den Kern um 50 cm weiter als die Hälfte von Carstens Weite. Wie weit spucken Dominik und Lukas ihre Kerne?

1 Was passt zusammen? Finde die passende Frage, wähle aus und löse die Aufgaben.

a) Auf dem Markt wurden am Mittwoch doppelt so viele Pullover wie am Dienstag verkauft. Am Montag wurden 14 Stück verkauft, 4 weniger als am Mittwoch.

b) Frau Nehmer kauft 2 Hemden zu je 13,20 €. Sie nimmt auch noch 6 Paar Socken mit und bezahlt 39 €.

c) Alina kommt um 13.20 Uhr in Hannover an. Sie war 39 Minuten mit dem Zug unterwegs.

d) Herr Knapp hat einen Kasten Fruchtsaft für 13,20 € und 6 Flaschen Weißwein gekauft. Er bezahlt insgesamt 39 €.

① Pfeilbild

? → 39 min → 13.20 Uhr
? → 13.00 Uhr → 20 min → 13.20 Uhr

② Gleichung

39 € – 13,20 € = ☐ €
☐ € : 6 = ☐ €

③ Streifenmodell

13,20 € | ☐ | ☐ | ☐ | ☐ | ☐ | ☐
Gesamtpreis 39 €

④ Tabelle

	Montag	Dienstag	Mittwoch
Pullover	14	☐	☐

⑤

13,20 € · 2 = ☐ €
39 € – ☐ € = ☐ €

⑥ Skizze

13,20 € | 13,20 € | ☐ €
Gesamtpreis: ☐

2 Welche Lösungshilfe passt zu welcher Aufgabe? Wähle aus, zeichne und löse.

Skizze — Pfeilbild — Tabelle — Streifenmodell

a) An einem 675 m langen Weg werden im Abstand von 25 m auf beiden Seiten Bäume gepflanzt. Wie viele Bäume sind es, wenn sowohl am Anfang als auch am Ende jeder Straßenseite ein Baum gepflanzt wird?

b) Bei der Fahrradprüfung dürfen die Schüler an einer Slalomstrecke ihre Fahrkunst zeigen. Dazu werden 14 Hütchen entlang eines 153 m langen Wegs aufgestellt. Das erste und das letzte Hütchen stehen jeweils 5 m von Anfang und Ende des Weges entfernt. Welche Frage kannst du zu diesem Text stellen?

c) Von 3 Geschwistern ist Rolf mit 16 Jahren der Älteste. Anna und Christof sind zusammen halb so alt. Christof ist 2 Jahre jünger als Anna. Wie alt ist Anna?

d) Katharina hat 26 Sticker gesammelt. Nena hat halb so viele, Luca hat doppelt so viele. Friederike hat 10 Sticker mehr als Katharina. Wie viele Sticker haben die 4 Freundinnen zusammen?

1

In diesem Text fehlt eine wichtige Information:

Johannes rechnet aus, wie viel Zeit er in einem Monat für seine Hausaufgaben braucht. Er hat jeden Tag von Montag bis Freitag Hausaufgaben auf. Für Samstag und Sonntag gibt es keine. Er rechnet mit 4 Wochen im Monat.

Welche der folgenden Informationen brauchst du, um die Aufgabe zu lösen?

a) Ein Monat hat durchschnittlich 30 Tage.

b) Am Tag braucht er ungefähr 50 min für die Hausaufgaben.

c) Seine Schwester ist 5 Jahre älter und braucht fast doppelt so lange wie er.

d) Die Hausaufgaben vom Freitag macht er meistens erst am Samstag.

2 Jenny arbeitet an einer Sachaufgabe. Sie unterstreicht alles im Text, was sie zur Lösung der Aufgabe braucht.

a) Welche dieser Fragen möchte sie beantworten?

Wie hoch ist der Arbeitslohn insgesamt?

Wie viel kosten die benötigten Ersatzteile?

Wie viel kostet die Reparatur insgesamt?

Leon hat seinen 2 Jahre alten Computer reparieren lassen. Das Fachgeschäft verrechnet 2 Arbeitsstunden zu je 16 €, einen neuen Lüfter zu 7,50 € und 2 Kabel zu je 4,95 €. Außerdem musste die Soundkarte ersetzt werden, die 19,75 € kostet. Die Reparatur hat 3 Tage gedauert. Leon überprüft die Rechnung und bezahlt.

b) Schreibe den Text ins Heft. Wähle eine der beiden anderen Fragen aus und unterstreiche, was du zur Beantwortung deiner Frage brauchst, in einer anderen Farbe.

3 Schreibe einen Aufgabentext mit dem man die Fragen a) bis e) beantworten kann. Verwende dazu die Angaben auf den Zetteln.

a) Wie viele Flaschen sind in einem Kasten?

b) Wie viele Liter Mineralwasser trinkt Familie Weidmann in der Woche?

c) Wie viele Kästen muss Herr Weidmann in einem Monat im Getränkemarkt kaufen?

d) Wie hoch sind die Ausgaben für Mineralwasser in einem Monat?

e) Wie viel geben die Weidmanns in einem halben Jahr für Mineralwasser aus?

3 Kästen je Woche

1 Monat: 4 Wochen

Preis einer 1-l-Flasche: 25 ct

Kasten: 6 Flaschen

1 a) Tobias stellt seinem Freund Julian ein Rätsel.
Er sagt: „Von meinen beiden Brüdern ist Fabian 2 Jahre älter als ich und Florian 3 Jahre jünger als ich. Zusammen sind wir jetzt 38 Jahre alt."
Julian überlegt: „Florian ist der jüngste. Als Florian ein Jahr alt war, da war Tobias 4 und Fabian …"
Er legt eine Tabelle an.

Florian	Tobias	Fabian	gesamt
1	4	6	11
2	5	7	14
8	11	13	32
15	18	20	43

b) Inga hat 4 Autogrammkarten mehr als Anne, die 7 Karten weniger als Julia hat. Zusammen haben sie 68 Karten. Wie viele Autogrammkarten hat jede von ihnen?

c) Murat springt 50 cm weiter als Jonas. Sven kommt 40 cm weniger weit als Jonas. Die Summe der Sprungweiten von Murat und Sven beträgt 8,50 m. Wie weit springt jeder von ihnen?

d) Meike braucht für die Hausaufgabe 15 min länger als Lara, aber 26 min weniger als Sandra. Wenn man ihre Arbeitszeiten zusammenzählt, kommt man auf 1 h 56 min. Wie lange braucht jede von ihnen?

2 Auf dem Bauernhof laufen Hühner und Schafe frei herum. Trax schaut durch einen Schlitz im Zaun und zählt 44 Beine. Der Bauer sagt, er hat 5 Schafe mehr als Hühner.
Wie viele Hühner und wie viele Schafe sind es?

3 a) Jule braucht 6 neue Batterien für den Radiorekorder. Sie kauft sich zusammen mit ihrem Bruder eine Packung mit 8 Batterien für 3,84 €. Wie viel muss sie davon bezahlen? Sie legt sich eine Tabelle für die Schlussrechnung an.

	Anzahl	Preis	
: 8	8	3,84 €	: 8
· 6	1	0,48 €	· 6
	6		

b) Tim vergleicht die Preise. Eine einzelne Audiokassette kostet 1,95 €. Im Angebot kosten 7 Stück 11,55 €. Er wollte eigentlich 5 Kassetten kaufen.

c) Schokoriegel werden in 2 Verpackungen angeboten. Paul rechnet aus, wie viel 10 Schokoriegel jeweils kosten würden.
5 Stück 1,25 €
10 + 1 Stück 2,09 €

d) Sandra vergleicht die Einzelpreise:
Fruchtjoghurt
4 Becher (je 150 g) 1,48 €
6 Becher (je 150 g) 2,10 €

4 Zwei Schnecken kriechen auf einem langen Ast aufeinander zu. Zu Beginn sind sie 1,80 m voneinander entfernt. Schnecke A schafft 1 cm in 2 Minuten.
Schnecke B kommt in 5 Minuten 5 cm weit.
Wie lange dauert es, bis sie aufeinandertreffen?

Geodreieck

1

Nimm dein Geodreieck und zeichne damit parallele Geraden auf ein weißes Blatt.

a) Ihr Abstand soll immer 1 cm betragen.

b) Ihr Abstand soll immer 2 cm (4 cm, 33 mm) groß sein.

c) Entwirf ein schönes Muster mit parallelen Geraden. Male es an.

2 Zeichne zuerst 2 parallele Geraden mit 4 cm Abstand. Zeichne dann ähnliche Muster.

a)

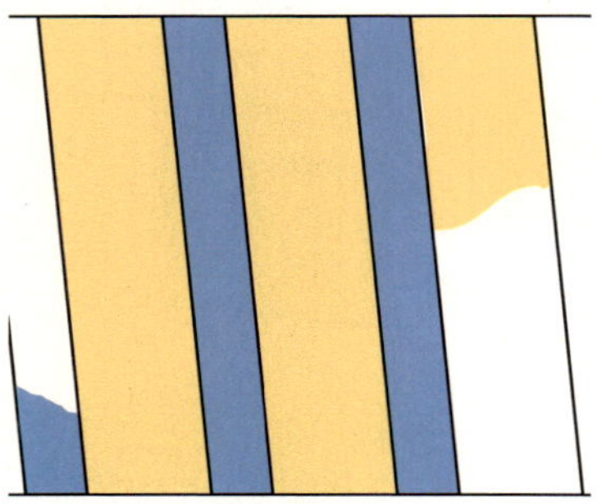

b)

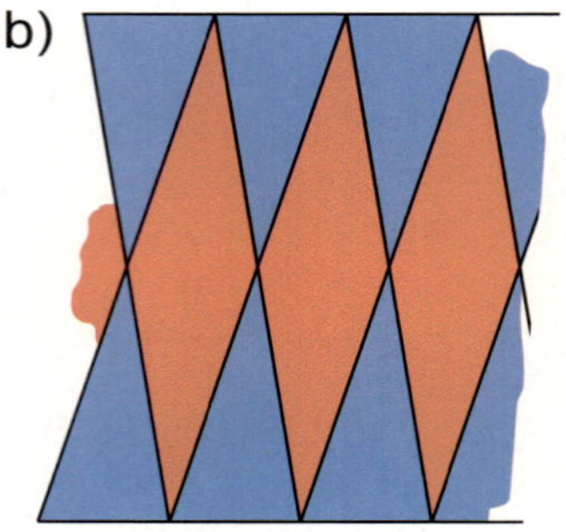

c)

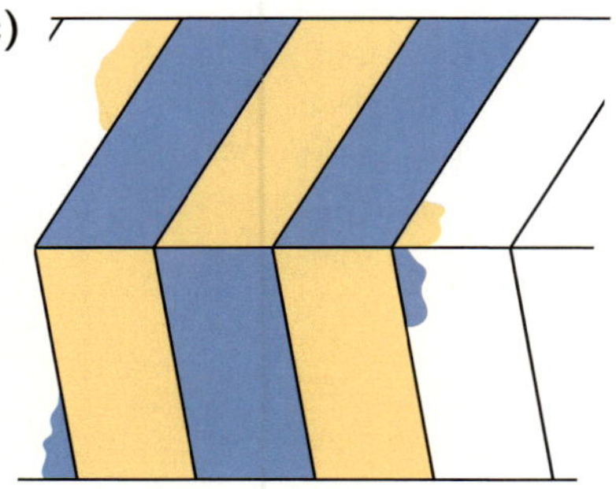

3

4 Zeichne Rechtecke.

a) 5 cm lang, 3 cm breit

b) 45 mm lang, 60 mm breit

c) 12 cm lang, 85 mm breit

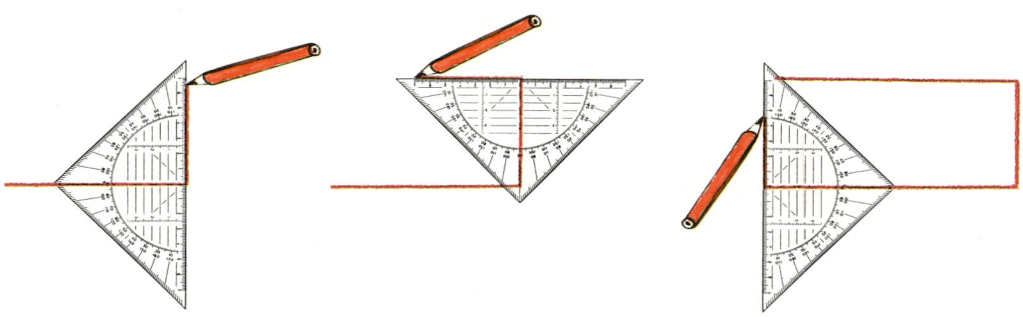

5 Zeichne die Muster mit dem Geodreieck und färbe.

Denke dir selbst Muster aus.

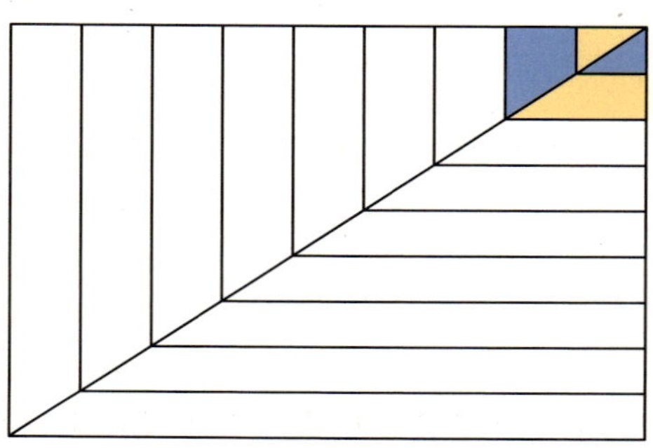

1

2 Zeichne selbst optische Täuschungen aus dem Tempel mit dem Geodreieck.

a) So kannst du die optische Täuschung mit dem Rechteck zeichnen:

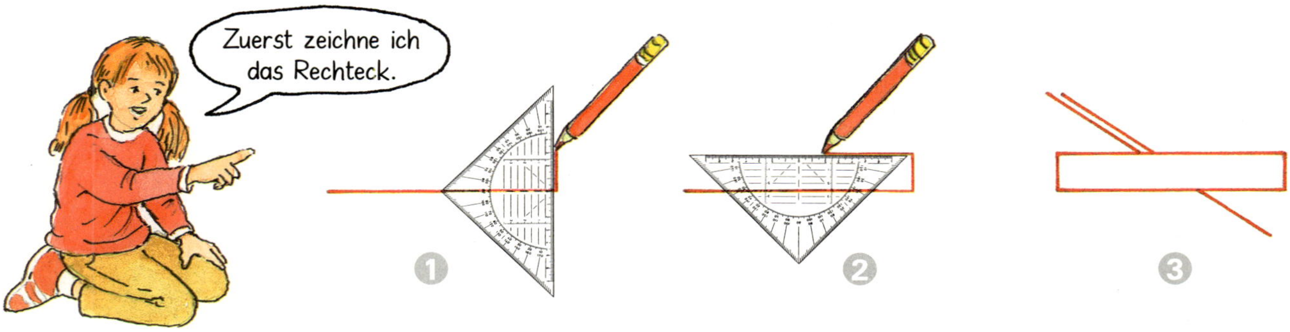

b) Wähle eine weitere optische Täuschung aus dem Tempel und zeichne sie größer auf.

Kreise

1 Es gibt mehrere Möglichkeiten einen Kreis zu zeichnen. Probiere und vergleiche.

2

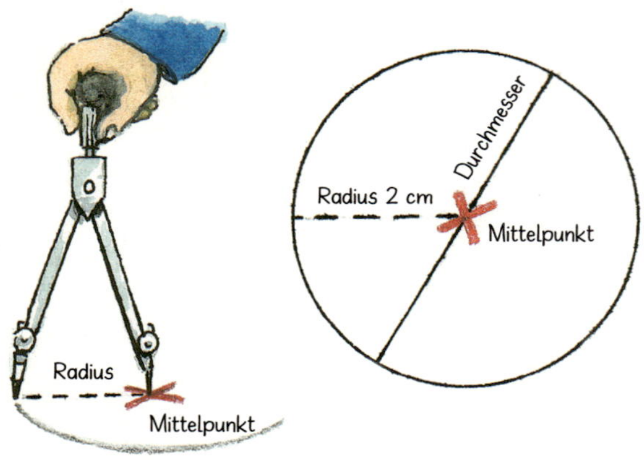

Mit dem Zirkel zeichnen.

a) Zeichne 4 Kreise mit einem Radius von 4 cm, 6,5 cm, 5 cm und 2 cm Länge.

b) Zeichne 4 Kreise. Dein Partner misst, wie lang ihr Radius ist.

c) Zeichne 4 Kreise um denselben Mittelpunkt. Bestimme jeweils, wie lang der Durchmesser ist.

3 Zeichne mit dem Zirkel Muster aus Kreisen. Denke dir eigene Muster aus.

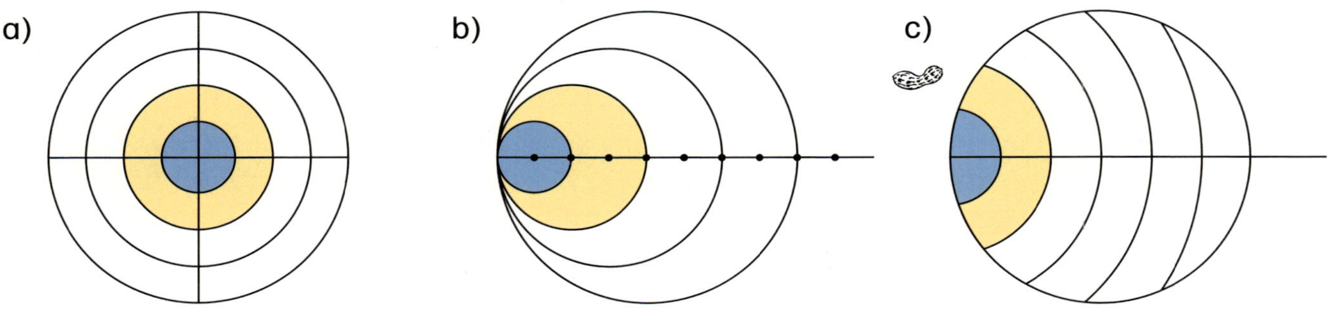

4 Zeichne ab. Bestimme jeweils den Radius.

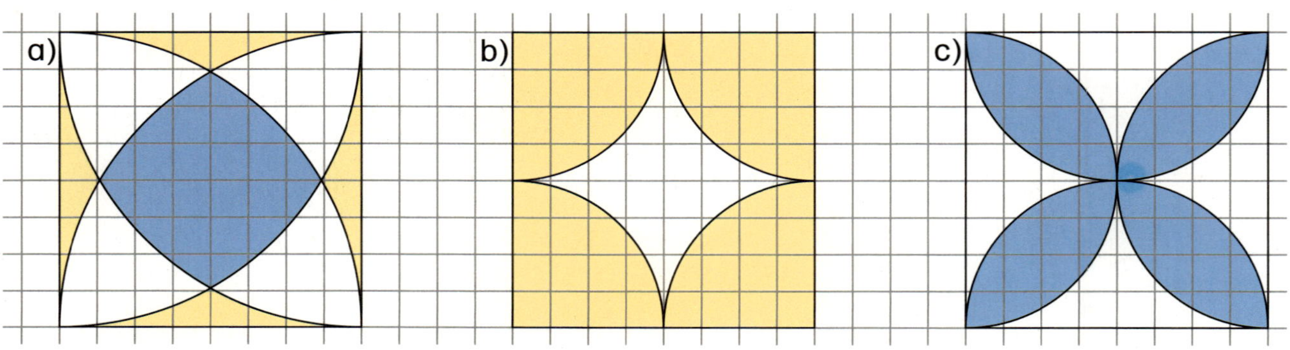

Figuren zeichnen

1 Zeichne die Muster aus Kreisen größer nach. Denke dir eigene Muster aus.

a)

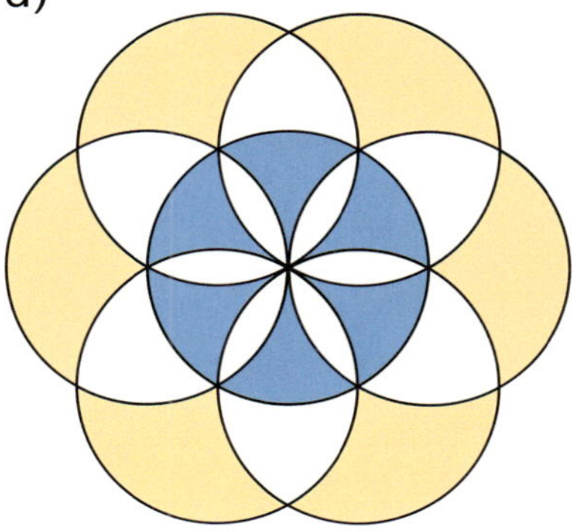

b)

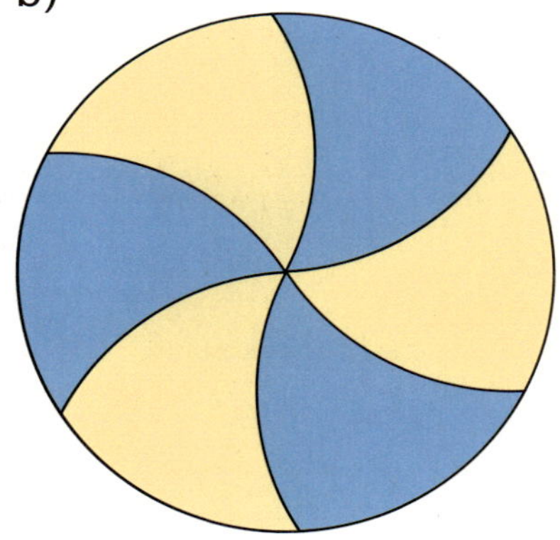

2 Zeichne das Muster aus Aufgabe 1a). Zeichne Dreiecke, Sechsecke, Rechtecke, ... ein.

a)

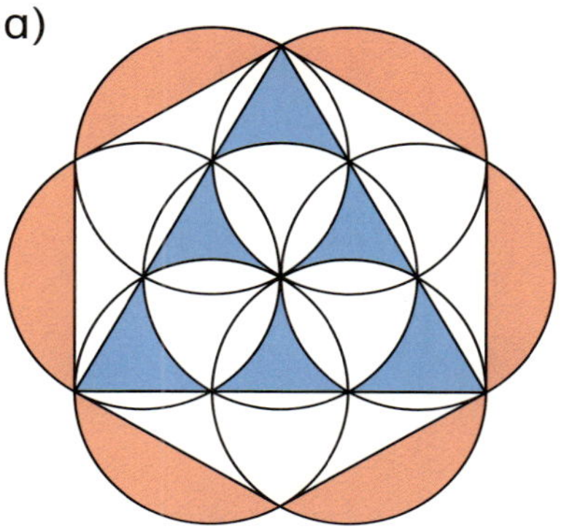

b)

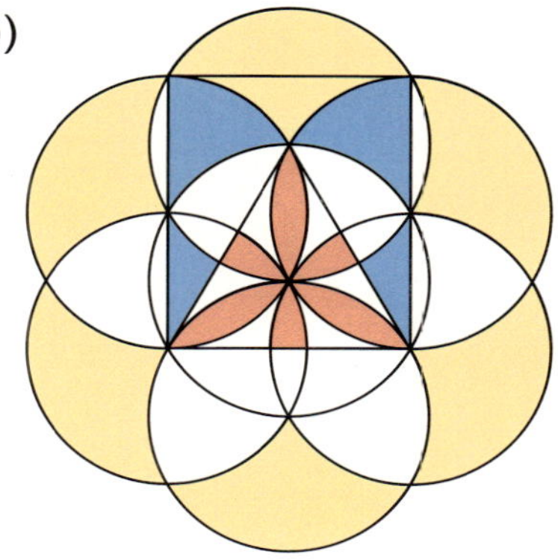

c)

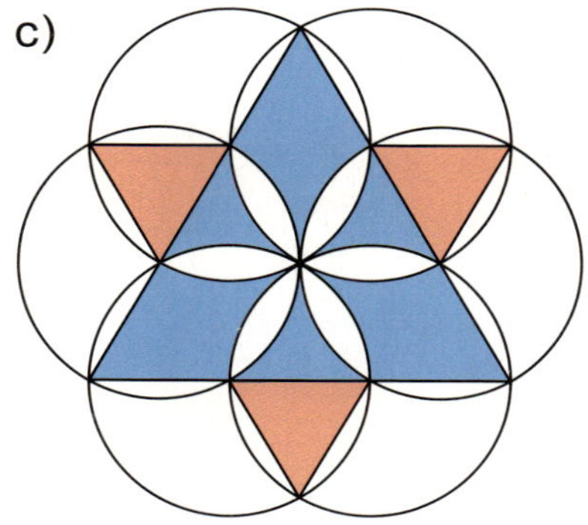

3 Zeichne ab und male aus. Welche Regelmäßigkeiten entdeckst du?
Erfinde auch andere Bandornamente.

a)

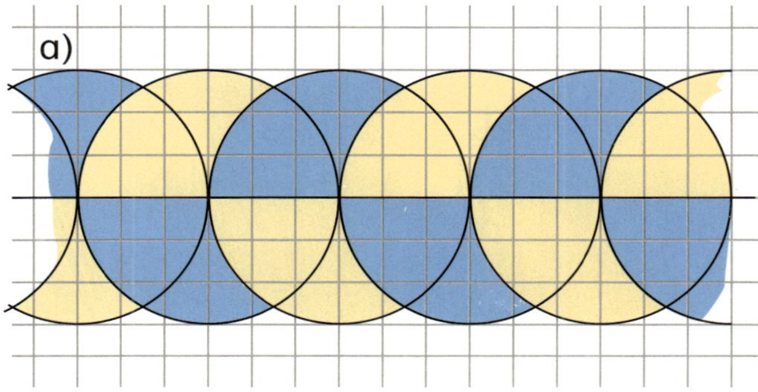

b)

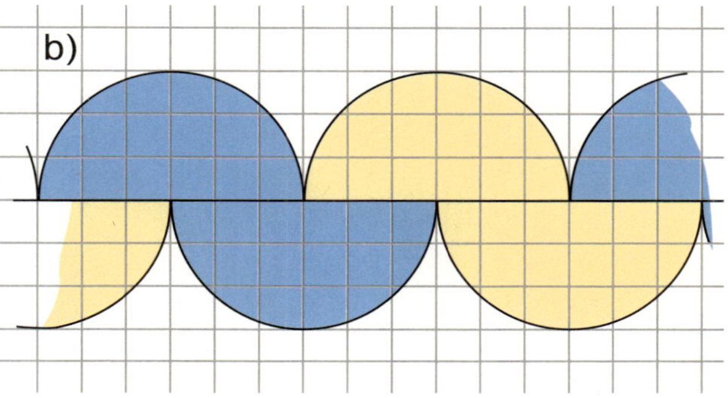

4 a) Zeichne Kreise freihändig.

b) Probiere den Trick! Halte einen Bleistift so:
   - Winkle den kleinen Finger an,
   - der 2. Knöchel ist „deine Zirkelspitze“.

   Setze nun „deine Zirkelspitze“ in die Mitte eines Blattes. Drehe das Blatt so unter deinem Knöchel, dass ein Kreis entsteht. Mit etwas Übung geht es ganz einfach!

Sehr große Zahlen

1

Berlin ist die Hauptstadt und die größte Stadt Deutschlands. Hier sind einige Zahlen:

Einwohnerzahl
3 396 531

Schüler an Grundschulen
167 772

Besucher Berliner Museen
8 740 416

Tierparkbesucher
1 112 168

In Deutschland gibt es noch andere Millionenstädte. Welche sind es?

Hamburg
1 738 483

Stuttgart
591 548

Leipzig
503 169

Dresden
490 760

Köln
975 907

Frankfurt/M.
660 289

München
1 288 307

Kiel
229 715

Düsseldorf
576 894

Wie viele Einwohner hat dein Wohnort? Gibt es ein Wappen?

(Stand 02 / 2006)

2

a)

1 000 000	100 000	10 000	1 000	100	10	1
Million 1 M = ☐ HT	Hundert- tausender 1 HT = ☐ ZT	Zehn- tausender 1 ZT = ☐ T	Tausender 1 T = ☐ H	Hunderter 1 H = ☐ Z	Zehner 1 Z = ☐ E	Einer 1 E

b) Trage die Einwohnerzahlen der Städte in eine Stellenwerttafel ein und schreibe sie verschieden auf.

M	HT	ZT	T	H	Z	E
3	3	9	6	5	3	1

3M + 3HT + 9ZT + 6T + 5H + 3Z + 1E

3 000 000 + 300 000 + 90 000 + 6 000 + 500 + 30 + 1 = 3 396 531

drei Millionen dreihundertsechsundneunzigtausendfünfhunderteinunddreißig

1 Karl will herausfinden, wie viel eine Million ist. Er zeichnet eine Minute lang Striche in Fünfergruppen in sein Heft.

a) Wie viele Striche hat Karl in einer Minute geschafft?

b) Wie viele schaffst du?

c) Wie viele Striche könnten alle 20 Kinder aus Karls Klasse in 3 Minuten etwa zeichnen, wenn sie gleich schnell arbeiten?

d) Wie viele Striche schafft ihr in eurer Klasse in 3 Minuten?

e) Wie lange müsste Karl allein und ohne Pause Striche zeichnen, um eine Million zu erreichen?

2 Wie heißen die Zahlen?

a) H 2, HT 1, ZT 8, T 4, E 6, Z 0

b) Z 4, ZT 7, T 0, E 3, HT 8, H 4

c) ZT 0, HT 9, E 4, T 1, H 0, Z 7

d) H 5, HT 3, ZT 9, T 0, E 2, Z 6

e) Z 4, ZT 8, T 6, E 3, HT 5, H 0

3 *367 814 = 3 HT + 6 ZT + 7 T + 8 H + 1 Z + 4 E*

a)	b)	c)
367 814	544 719	300 568
374 575	290 130	501 101
849 626	607 405	990 099
432 197	369 582	777 177

4 Diktiere deinem Nachbarn.

a)	b)	c)
424 424	376 771	402 020
153 838	610 733	740 009
276 912	505 408	800 800

5 Schreibe mit Ziffern.

a) einhundertsiebenundzwanzigtausendvierhundertneunundsiebzig

b) vierhundertneunundachtzigtausendfünfhundertzweiunddreißig

c) drei Millionen dreihundertvierzigtausendachthundertsiebenundachtzig

d) zweihundertsechsundsechzigtausendsiebenhundertsechsundzwanzig

e) einhundertachtundneunzigtausendeinhundertachtundsiebzig

Schreibe für die Zahlen von Aufgabe 4b) das Zahlwort auf.

6 Welche Zahlen könnten das sein?

Zahlenstrahl

1

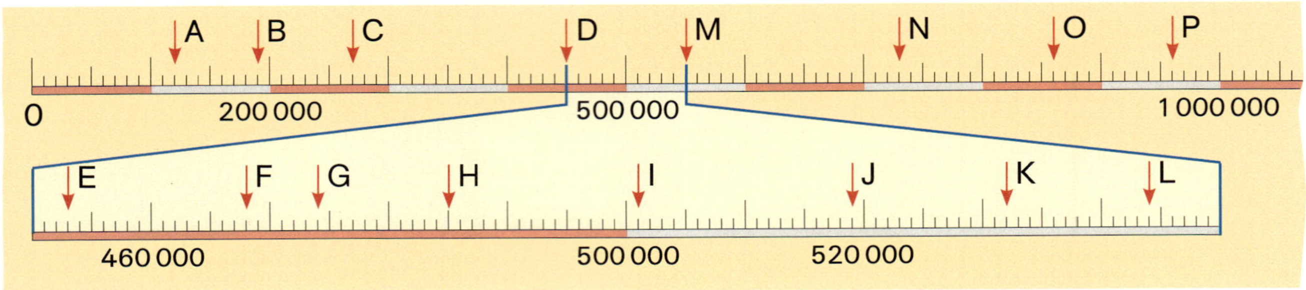

a) Überlege dir, welche Zahlen an den großen Strichen jedes Zahlenstrahls noch fehlen.

b) Wie heißen die Zahlen an den roten Pfeilen? *A: 120 000*

c) Zeige am Zahlenstrahl.

230 000	456 000	820 000	536 000
380 000	479 000	499 000	970 000
670 000	515 000	451 000	548 000

d) Zeige noch andere Zahlen.

2 Setze die Zahlenfolgen fort.

a) 250 000, 260 000, 270 000, …, 320 000

b) 810 000, 790 000, 770 000, …, 650 000

c) 345 200, 350 200, 355 200, …, 385 200

d) 620 900, 600 900, 580 900, …, 460 900

e) 426 840, 426 640, 426 440, …, 425 240

3 Vergleiche.

175 268 ▢ 175 628

400 903 ▢ 400 093

527 046 ▢ 527 046

390 090 ▢ 390 009

762 083 ▢ 760 238

4 a) Ordne. Beginne mit der größten Zahl.

876 543 867 345 876 345
867 534 876 435 867 453

b) Ordne. Beginne mit der kleinsten Zahl.

123 456 132 465 123 564
132 456 123 645 132 546

5

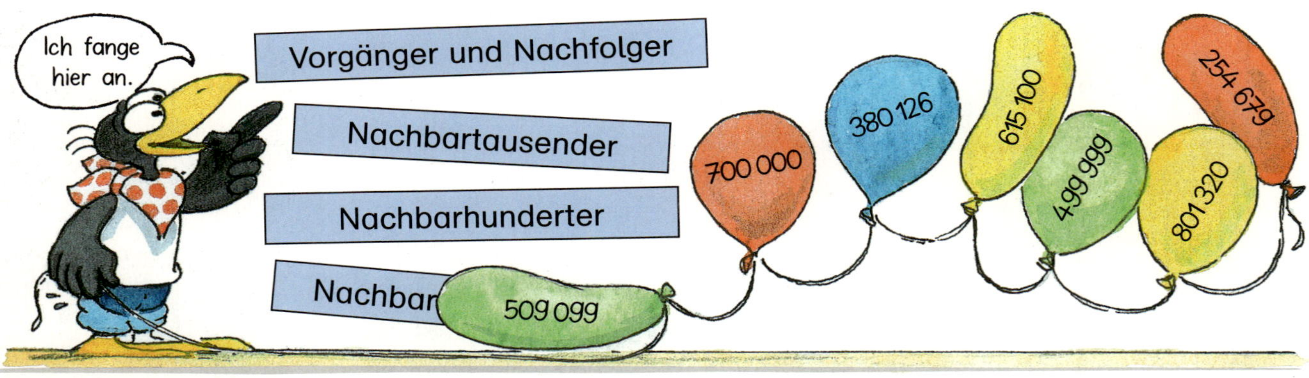

6 Ergänze bis 1 000 000. *100 000 + 900 000 = 1 000 000*

a)
100 000
600 000
200 000
700 000

b)
950 000
850 000
750 000
650 000

c)
111 000
999 000
222 000
888 000

d)
901 000
802 000
703 000
604 000

1

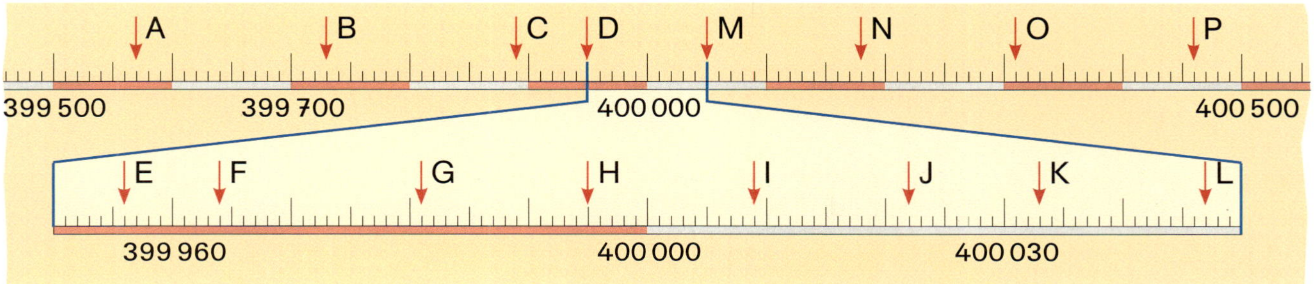

a) Wie heißen die Zahlen an den roten Pfeilen? *A: 399 570*

b) Zeige am Zahlenstrahl.

399 520	399 958	400 350	399 940
399 770	399 972	400 017	400 044
400 230	400 005	400 043	399 999

c) Zeige noch andere Zahlen.

2 Ergänze zum nächsten Hunderttausender.

380 000 + ■ = 400 000

380 000	724 000	699 500
540 000	418 000	808 500

3 Subtrahiere vom Hunderttausender.

400 000 − 50 000 = ■

400 000	900 000
800 000	200 000

a) immer − 50 000
b) immer − 5 000
c) immer − 500

4 a) Runde auf Hunderttausender.

273 561 ≈ 300 000

273 561, 424 908, 960 877, 750 035

b) Runde auf Tausender.

273 561 ≈ 274 000

273 561, 304 801, 699 927, 816 020

c) Runde auf Zehner.

273 561 ≈ 273 560

273 561, 707 707, 915 852, 409 999

5

a) 2■3 124 ≈ 260 000
8■7 561 ≈ 840 000

b) 645 2■1 ≈ 645 280
188 3■6 ≈ 188 370

c) 503■62 ≈ 503 000
379■48 ≈ 380 000

d) 49■328 ≈ 490 000
71■754 ≈ 720 000

6

LISA
Meine Zahl ist halb so groß wie 910 000.

DOREEN
Meine Zahlen liegen zwischen 799 099 und 799 103.

DANIEL
Meine Zahl ist doppelt so groß wie 175 075.

ALBERT
Meine Zahlen liegen zwischen 500 000 und 900 000.
Alle Ziffern sind gleich.

LEONIE
Meine Zahl liegt genau zwischen 440 000 und 840 000.

MARIA
Meine Zahl ist halb so groß wie das Doppelte von 315 800.

Und wie heißt dein Rätsel?

1

Lösung im Dreieck

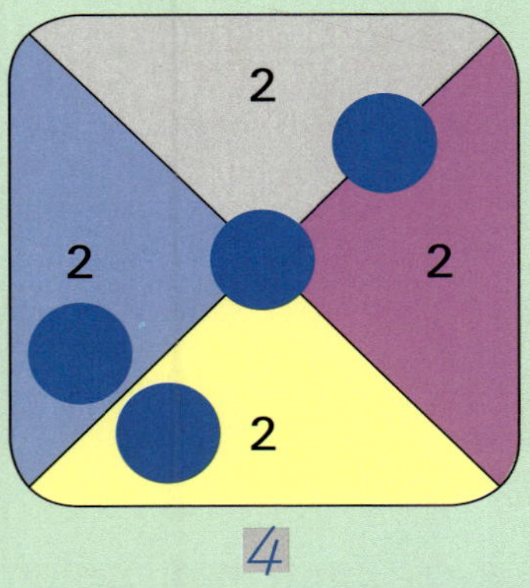

Lösung im Quadrat

a) 2 Plättchen in jedem Feld:

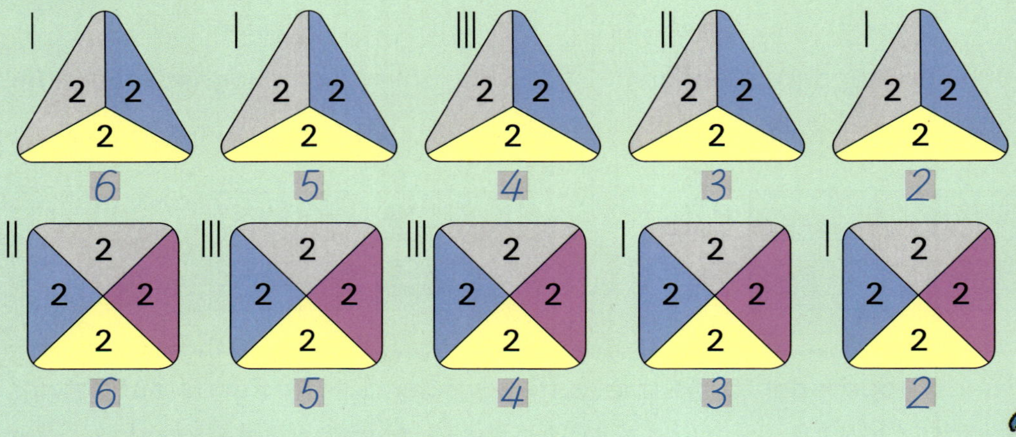

b) 3 Plättchen in jedem Feld:

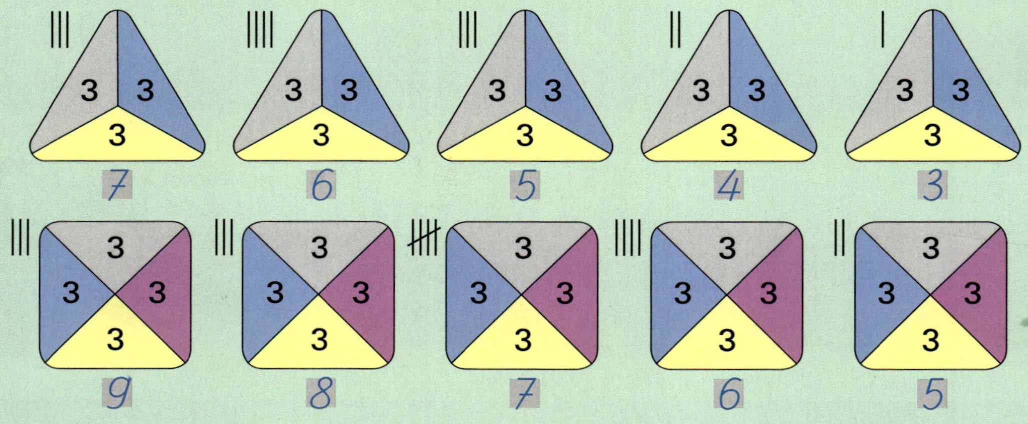

2 a) Was fällt dir an den 3 Zahlenfeldern auf? Untersuche.

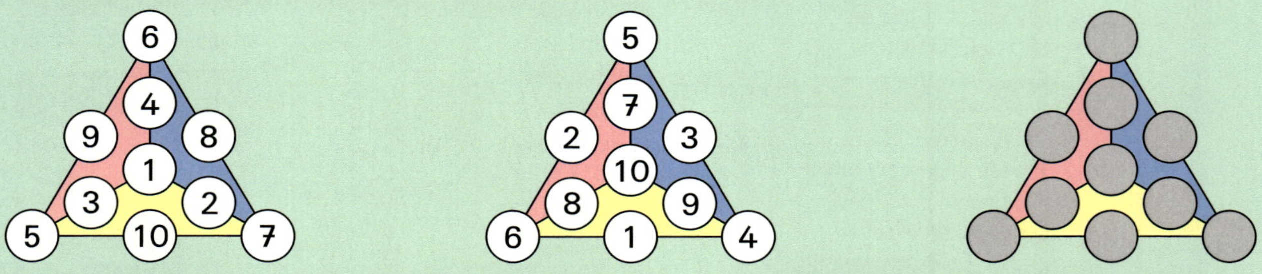

b) Lege Plättchen mit den Zahlen von 1 bis 10 so auf die Zahlenfelder, dass sich jeweils die Summe 29 (30, …, 37) ergibt.

1 und **2** Kopiervorlagen der Spielfelder und Zahlenplättchen nutzen.

1

2

Jedes verbleibende Streichholz soll zu einem Quadrat (bzw. Dreieck) gehören. Unvollständige Quadrate (bzw. Dreiecke) sind also ausgeschlossen.

Rechnen bis 1 000 000

1

ERIC	LUCY	EMIL	TRAX
160 000	379 827	956 713	845 000
a) + 8	a) + 6	a) − 4	a) − 5
b) + 80	b) + 60	b) − 40	b) − 50
c) + 800	c) + 600	c) − 400	c) − 500
d) + 8 000	d) + 6 000	d) − 4 000	d) − 5 000
e) + 80 000	e) + 60 000	e) − 40 000	e) − 50 000

Denke dir selbst noch weitere Aufgaben aus.

2

a)	b)	c)	d)
499 700 + 500	500 300 − 600	499 980 + 50	500 020 − 40
399 800 + 300	900 100 − 800	699 980 + 70	900 010 − 60
886 900 + 600	700 400 − 500	298 990 + 20	701 040 − 70
999 500 + 800	801 200 − 700	999 950 + 80	600 070 − 90

3

1 000 000 = ☐ + ☐ + ☐

330 000 580 000

125 000 90 000 160 000 225 000 260 000 650 000 615 000

4

8 · 3 = ☐

a) 8 · 30 000
4 · 60 000
5 · 40 000
3 · 70 000

4 · 35 000 = ☐
4 · 30 000 = ☐
4 · 5 000 = ☐

b) 4 · 35 000
6 · 24 000
8 · 63 000
7 · 81 000

c) 46 000 · 9
98 000 · 2
34 000 · 6
73 000 · 8

Nullentrick!

d) 30 · 5 000
40 · 2 000
60 · 3 000
50 · 4 000
90 · 7 000
50 · 9 000

e) 600 · 800
200 · 700
300 · 500
900 · 400
700 · 600
400 · 800

f) 90 · 4 000
80 · 5 000
70 · 6 000
60 · 7 000

900 · 400
800 · 500
700 · 600
600 · 700

5

15 : 5 = ☐

a) 150 000 : 5
180 000 : 2
210 000 : 7
240 000 : 6
360 000 : 9

185 000 : 5 = ☐
150 000 : 5 = ☐
35 000 : 5 = ☐

b) 185 000 : 5
260 000 : 4
378 000 : 7
201 000 : 3
444 000 : 6

c) 378 000 : 9
680 000 : 8
390 000 : 5
511 000 : 7
352 000 : 4

Nullentrick!

d) 280 000 : 70
350 000 : 50
270 000 : 30
560 000 : 80
480 000 : 60

e) 420 000 : 60
210 000 : 70
240 000 : 40
720 000 : 80
630 000 : 90

f) 270 000 : 300
480 000 : 800
200 000 : 400
360 000 : 900
420 000 : 700

1

Die Konzertagentur plant eine Tournee der deutschen Popstars des Jahres. In diesen Stadien sollen sie auftreten:

	Sitzplätze	Stehplätze
RheinEnergieStadion/Köln	46 134	4 863
Arena AufSchalke/Gelsenkirchen	52 141	17 859
Olympiastadion/München	58 066	11 400

Wie viele Karten können insgesamt verkauft werden?

2 Hüpfe im Päckchen. Wenn du richtig gerechnet hast, kommst du zum Ausgang.

a) 593 729 − 34 256
168 048 + 767 866
730 835 + 256 219
559 473 + 171 362
987 054 − 819 006
935 914

b) 370 290 − 198 205
447 681 + 486 813
172 085 + 291 743
571 137 − 123 456
463 828 + 107 309
934 494

c) 806 507 − 200 001
879 830 + 109 799
606 506 + 311 722
918 228 − 99 999
818 229 + 61 601
989 629

3 In jedem Päckchen haben die Ergebnisse die gleiche Quersumme.

a)	b)	c)	d)
265 094 · 3	227 164 : 4	13 540 · 8	73 581 · 4
75 928 · 6	589 472 : 8	427 301 : 7	221 735 · 3
165 174 · 4	467 076 : 3	84 403 · 5	981 384 : 4
69 177 · 5	618 687 : 9	210 684 : 6	660 408 : 7
238 368 · 2	821 885 : 5	87 506 · 4	154 461 · 5
99 438 · 7	116 322 : 6	76 533 : 3	776 277 : 9

4

☐ : ☐ = ☐   ☐ · ☐ = ☐

5

1 Diese Fernsehsendungen werden von vielen Zuschauern im Regionalprogramm gesehen. (Figur) steht für 1 000 Zuschauer. Vergleiche die Zuschauerzahlen.

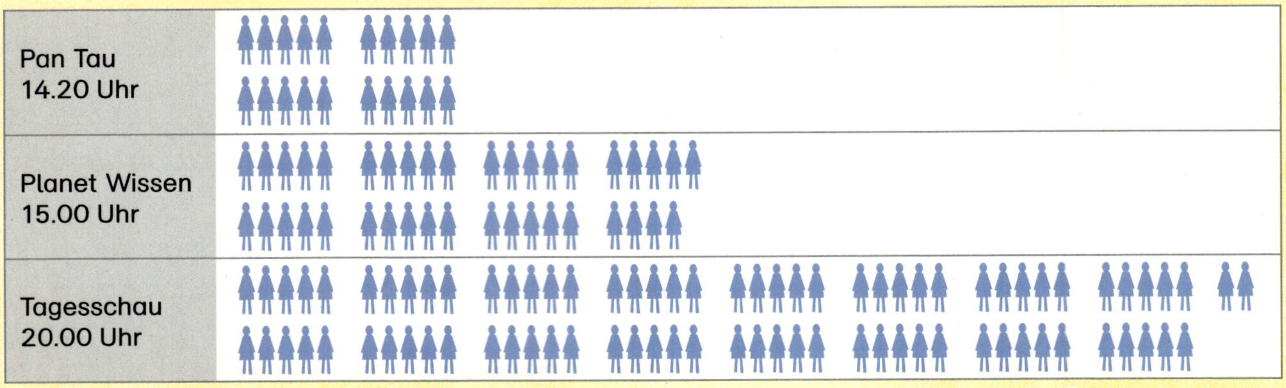

Das Streifendiagramm braucht weniger Platz und zeigt die Zahl der Zuschauer gut an.
Für wie viele Zuschauer steht hier ein Kästchen?

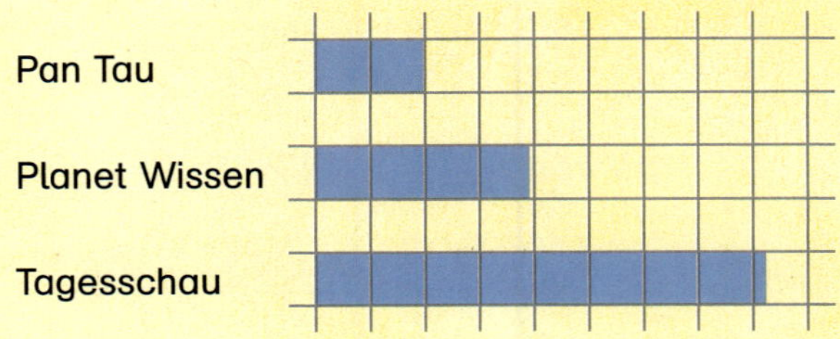

2 Zeichne zu diesen Zuschauerzahlen ein Streifendiagramm. Überlege, für wie viele Zuschauer ein Kästchen stehen könnte, damit das Diagramm ins Heft passt.

Geschichten von wilden Tieren
420 000 Zuschauer

Wissen macht Ah!
990 000 Zuschauer

Die kleinen Strolche
850 000 Zuschauer

3 Das Diagramm zeigt, wie lange Kinder ab 10 Jahre in den verschiedenen Ländern an einem Tag fernsehen.

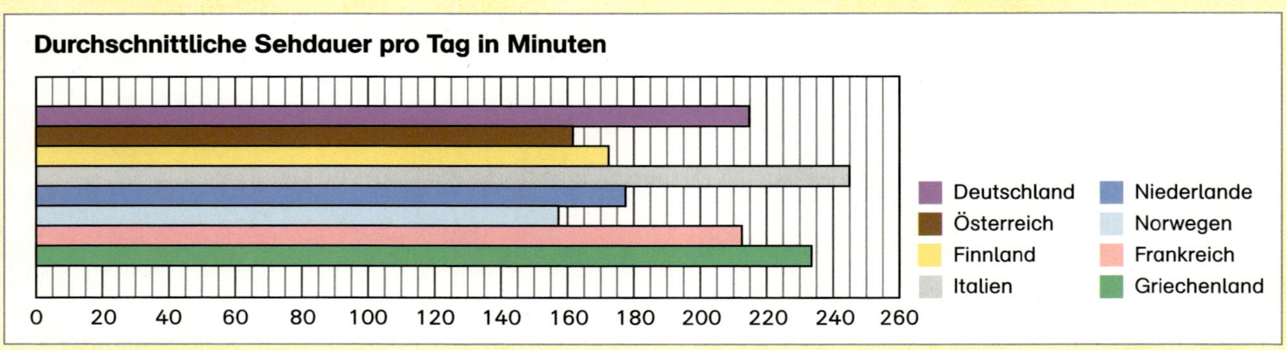

a) Lies die Daten so genau wie möglich aus dem Diagramm ab.
b) Wie heißen die 3 Länder, in denen am längsten ferngesehen wird?
c) In welchen 3 Ländern wird am kürzesten ferngesehen?
d) Vergleiche die längste mit der kürzesten Sehdauer.
Wie groß ist der Unterschied und welche Länder sind es?
e) Vergleiche die Sehdauer in den anderen Ländern mit der Sehdauer deutscher Kinder.

4 Die Rundfunkstationen möchten wissen, zu welchen Zeiten sie wie viele Hörer haben.

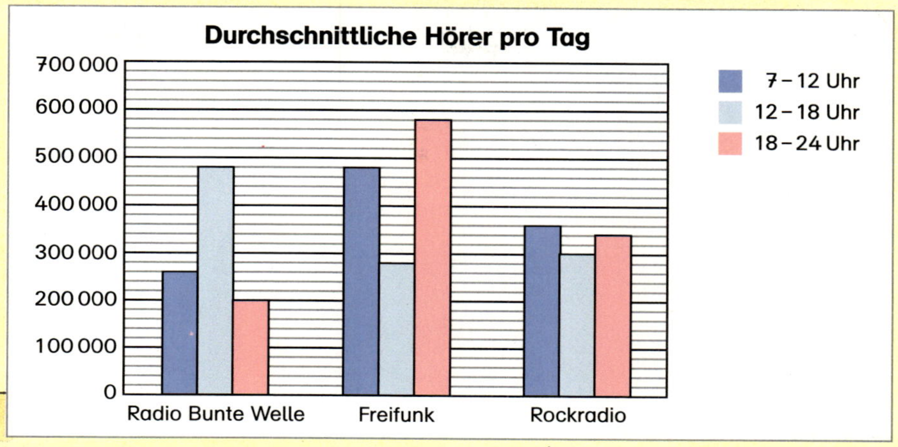

a) Wie viele Hörer hat das Rockradio in der Zeit von 12 Uhr bis 18 Uhr?
b) Wie viele Hörer haben der Freifunk und das Rockradio jeweils im Zeitraum von 18 Uhr bis 24 Uhr? Berechne den Unterschied.
c) Vergleiche die Hörerzahlen von Radio Bunte Welle in den verschiedenen Zeiträumen. Berechne die Unterschiede.
d) Stelle eigene Fragen zum Säulendiagramm.

5 Die Fernseh- und Rundfunksender sammeln für ihre Nachrichtensendungen viele Daten der Wetterstationen. Hier siehst du zum Beispiel die Durchschnittstemperaturen in den einzelnen Monaten eines Jahres in Düsseldorf.

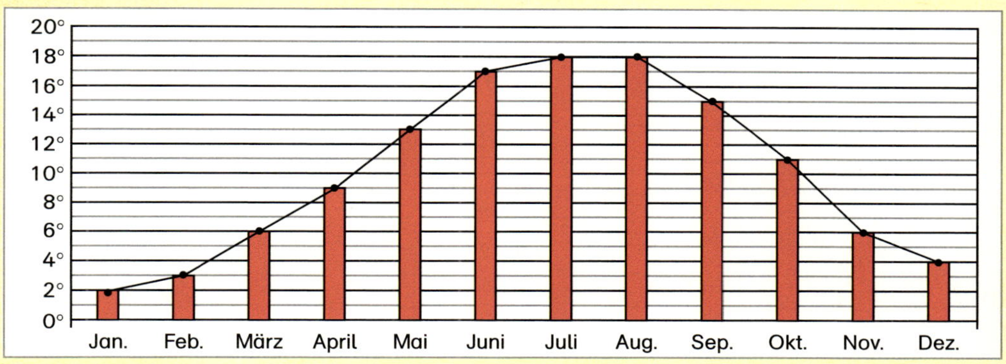

a) Welche Strecke wurde für ein Grad Celsius gewählt?
b) Zeichne selbst ein Säulendiagramm zu den Tagestemperaturen einer Woche. Miss jeweils mittags um 12 Uhr.

6 Das Säulendiagramm zeigt die Nachttemperaturen einer Woche.

a) Wie hoch ist die Temperatur in der wärmsten Nacht?
b) Wie hoch ist sie in der kühlsten Nacht?
c) Wie groß ist der Unterschied zwischen der wärmsten und der kühlsten Nacht?

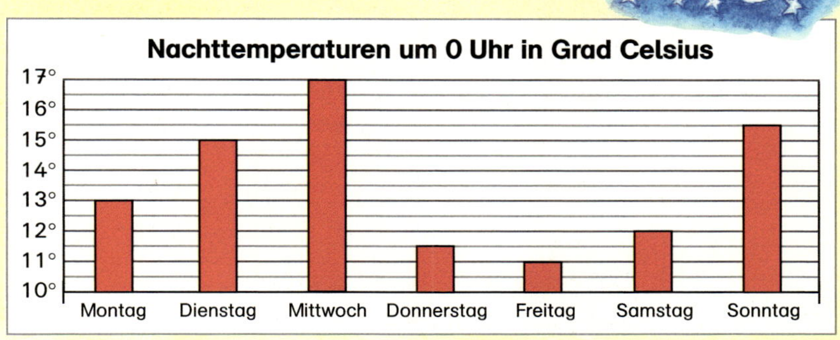

1

Lukas möchte sich eine Musikanlage für sein Zimmer kaufen. Da er nur 75 € hat, bittet er seine Eltern die Anlage für ihn auf Raten zu kaufen. Die Raten will er seinen Eltern von den 25 € Taschengeld bezahlen, die er jeden Monat von Oma bekommt.
Er vergleicht verschiedene Angebote aus Prospekten und dem Internet.

Demia-Markt
24 Raten je 10 €
oder
36 Raten je 7 €

Uranus
bei Barzahlung
224,99 €

Sound-Net
Internethandel
6 Raten je 39,50 €
oder
12 Raten je 20,00 €

Demia-Markt
bei Barzahlung
228,99 €

Uranus
Anzahlung 50 €
und
9 Raten je 19,99 €

a) Für welches Angebot soll sich Lukas entscheiden?
b) Welche dieser Begriffe passen? Erkläre und begründe.

Rate | Mehrkosten | Preisunterschied | Ersparnis | Barzahlungspreis | Anzahl der Raten | Anzahlung | Gewinn | Höhe aller Raten | Preis bei Ratenkauf

c) Ordne die Begriffe und bilde „Dreierketten". Trage sie ins Heft ein.

Anzahl der Raten — ___ — ___

2 Für welches Angebot würdest du dich jeweils entscheiden? Begründe und rechne!

a) MP3-Player

Uranus
6 Raten je 29,75 €

Demia-Markt
24 Raten je 8 €

Sound-Net
Internethandel
9 Raten je 19,90 €
oder
10 Raten je 18,20 €

b) Keyboard

Musikhaus Monk
Barzahlungspreis
579 €

Musik-Meier
Anzahlung 140 €
12 Raten je 40 €

Soundcity
Anzahlung 100 €
18 Raten je 30 €

3 Denke dir Aufgaben für die Sachrechenkartei aus.

Wiederholung

EINMALEINS-TRAINER

720 → : 9 → □ → · 3 → □ → : 60 → □ → · 30 → □ → · 5 → 600

720 → : 80 → □ → · 40 → □ → : 6 → □ → · 9 → □ → : 60 → □ → · 30 → □ → : 3 → □ → · 5 → □ → + 50 → 500

600 → : 60 → □ → · 9 → □ → · 7 → □ → : 90 → □ → · 40 → □ → : 70 → □ → · 50 → □ → : 5 → □ → · 4 → 160

500 → : 2 → □ → : 50 → □ → · 80 → □ → : 10 → □ → · 4 → 160

1

a) Vergleiche.

562 232 ▢ 546 873
266 789 ▢ 357 412
309 124 ▢ 309 241
682 709 ▢ 682 907
794 008 ▢ 790 480

b) Ordne nach der Größe.

345 786 | 345 768 | 345 678 | 345 687 | 345 876 | 345 867

2

LUKAS 270 408	INGA 458 010	JOHN 740 000	ANNE 623 000
a) + 6	a) + 9	a) − 6	a) − 7
b) + 60	b) + 90	b) − 60	b) − 70
c) + 600	c) + 900	c) − 600	c) − 700
d) + 6 000	d) + 9 000	d) − 6 000	d) − 7 000
e) + 60 000	e) + 90 000	e) − 60 000	e) − 70 000

3

a)		b)		c)		d)	
4 · 73 000	13	43 000 · 7	4	210 000 : 7	3	480 000 : 4	3
8 · 58 000	14	26 000 · 8	10	540 000 : 9	6	360 000 : 60	6
2 · 97 000	14	84 000 · 3	9	720 000 : 8	9	450 000 : 50	9
5 · 60 000	3	35 000 · 9	9	420 000 : 6	7	567 000 : 7	9

4 Rechne schriftlich. Hüpfe im Päckchen.

a) 247 312 + 92 189
744 194 − 517 287
140 402 + 603 792
339 501 − 199 099
226 907

b) 259 672 + 445 566
705 238 − 300 083
973 046 − 875 421
405 155 + 567 891
97 625

c) 536 881 − 499 108
883 779 − 209 099
674 680 + 100 037
37 773 + 846 006
774 717

5

TILL
Meine Zahl ist doppelt so groß wie das Doppelte von 120 000.

CAROLINE
Meine Zahl ist halb so groß wie das Doppelte von 500 000.

FREDERIK
Meine Zahl ist halb so groß wie die Hälfte von 600 000.

Schriftlich multiplizieren mit Zehnern und Hundertern

1 Die Haupttribüne des 1. FC Großbach hat 376 Sitzplätze. Für die nächste Saison sind diese für 20 Heimspiele bereits ausverkauft.

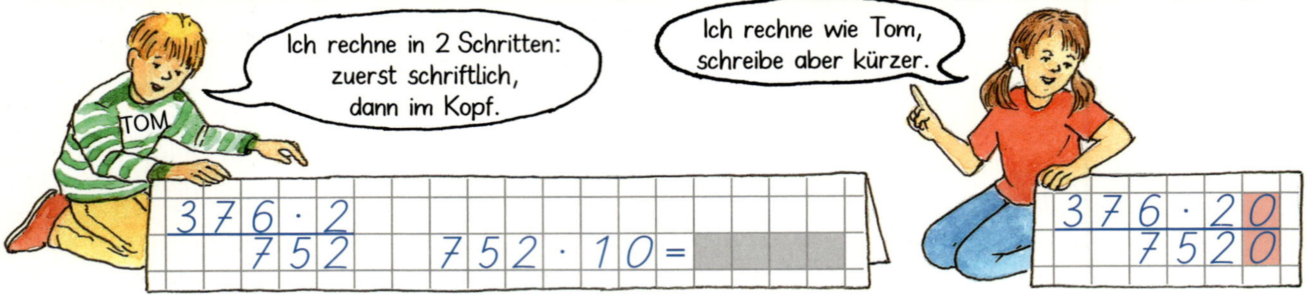

2 Wie rechnest du?

a)	b)	c)	d)
519 · 20	683 · 50	1 649 · 60	2 490 · 40
872 · 40	748 · 80	4 509 · 20	1 245 · 80
436 · 80	999 · 90	1 149 · 50	3 298 · 30

34 880, 10 380, 59 840, 34 150, 57 450, 89 910, 90 180, 98 940, 99 600

3

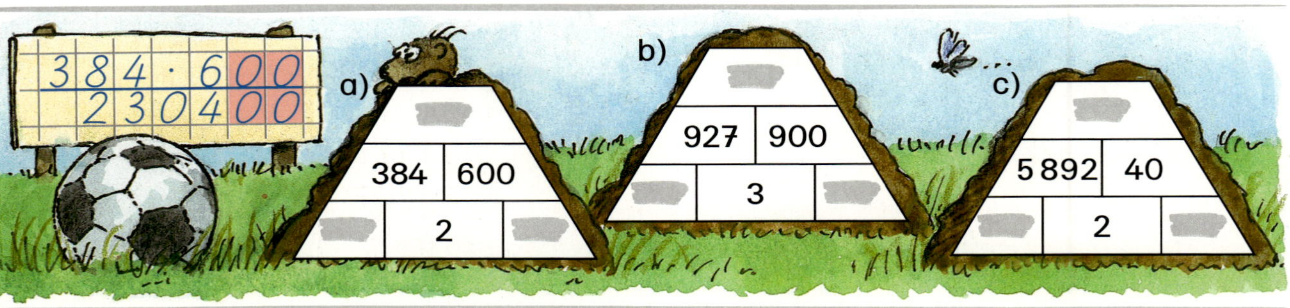

4 Finde Rechenfehler! Bei einigen Aufgaben reicht der Überschlag.

859 · 300 = 25 770	1 296 · 60 = 77 860	706 · 400 = 282 400	3 596 · 50 = 17 980
547 · 200 = 18 400	9 732 · 60 = 583 920	435 · 300 = 13 500	2 804 · 70 = 196 380

5

a) Meine Zahl ist das 300fache von 2 345.

b) Bilde aus den Ziffern 2, 4, 7 und 9 die größte Zahl und multipliziere sie mit 30.

c) Bilde aus den Ziffern 8, 6 und 5 die kleinste Zahl und multipliziere sie mit 900.

d) Du erhältst meine Zahl, wenn du 248 zuerst mit 9 und dann noch einmal mit 40 multiplizierst.

e) Ich dividiere meine Zahl zuerst durch 50, dann noch einmal durch 6 und erhalte dann 419.

Schriftlich multiplizieren mit zweistelligen Zahlen

1

ÖVGÜ

$376 \cdot 20 = 7520$ $\qquad$ $376 \cdot 3 = 1128$ $\qquad$ $7520 + 1128 = \square$

```
376 · 20      376 · 3         7520
  7520          1128        + 1128
                            ______
```

Ich bilde Teilaufgaben und addiere die Zwischenergebnisse.

LOTTA

```
376 · 23
  7520
+ 1128
______
```

Ich rechne wie Övgü, schreibe aber kürzer.

SVENJA

```
376 · 23
  752
+ 1128
______
```

Ich fange immer unter der Ziffer an, mit der ich multipliziere.

2 Wie rechnest du?

a) 92 · 13
74 · 25
83 · 32

b) 835 · 17
326 · 12
572 · 14

13 244 · 2 656 · 3 912 · 63 580 · 14 195 · 1 196 · 1 850 · 22 854 · 31 027 · 8 008 · 11 502 · 33 120

c) 426 · 27
586 · 39
308 · 43

d) 748 · 85
690 · 48
437 · 71

3

a)

20 · 20 + 20	21 · 21 − 21
21 · 21 + 21	22 · 22 − 22
22 · 22 + 22	23 · 23 − 23
23 · ▢ + ▢	24 · ▢ − ▢

b)

10 · 10 − 1	11 · 11 − 2 · 11
11 · 11 − 1	12 · 12 − 2 · 12
12 · 12 − 1	13 · 13 − 2 · 13
13 · ▢ − ▢	14 · ▢ − 2 · ▢

4 Finde Rechenfehler! Bei einigen Aufgaben reicht der Überschlag.

```
5243 · 32
 15729
  10486
    1
 167776
```

5 243 · 32 = 167 676	3 132 · 25 = 77 200	2 423 · 26 = 42 998	6 250 · 54 = 337 500
9 703 · 38 = 268 614	2 746 · 43 = 11 878	4 846 · 12 = 58 152	5 396 · 67 = 361 532

5

a) Beim vorletzten Spiel der Saison wurden 245 der insgesamt 376 Tribünenplätze an Mitglieder des 1. FC Großbach vergeben. Diese bekamen pro Sitzplatz 3 € Ermäßigung.

b) Beim letzten Heimspiel des 1. FCG wurden 421 Stehplatzkarten zum regulären Preis verkauft. Die restlichen 287 Stehplätze gingen an Mitglieder, die pro Karte 5 € Ermäßigung erhielten.

Schriftlich multiplizieren mit dreistelligen Zahlen

1

2

a) 131 · 123
243 · 212
321 · 231
780 · 412

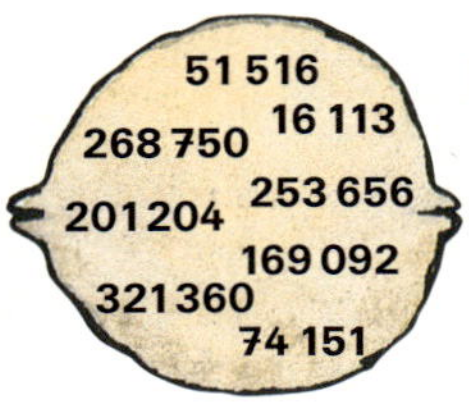

b) 813 · 312
732 · 231
621 · 324
430 · 625

c) 317 · 259
444 · 218
158 · 612
521 · 135

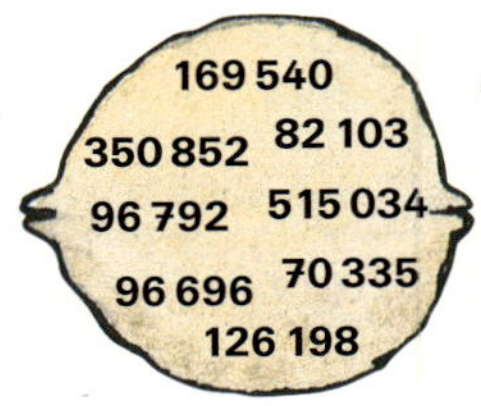

d) 692 · 245
806 · 639
342 · 369
734 · 478

3

4

a) 910 · 610
632 · 320
714 · 120
413 · 210

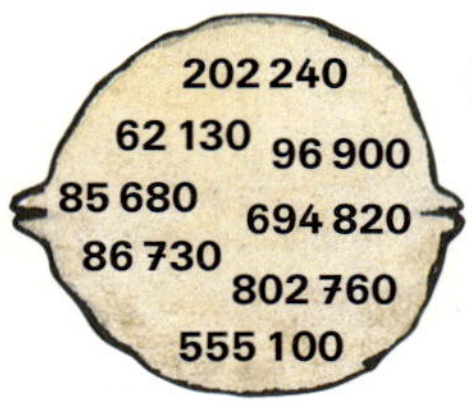

b) 709 · 980
327 · 190
285 · 340
854 · 940

c) 810 · 507
902 · 203
813 · 102
623 · 301

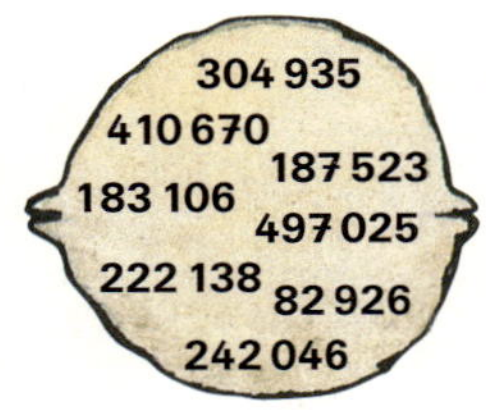

d) 705 · 705
791 · 306
435 · 701
369 · 602

5

a)
77 · 91
88 · 91
99 · 91
110 · ▢

b)
1 045 · 91
1 056 · 91
1 067 · 91
1 078 · ▢

c)
271 · 123
271 · 164
271 · 205
▢ · 246

d)
1 · 112
11 · 112
111 · 112
▢ · ▢

Wie rechnest du?

1 Entscheide, wie du rechnest.

2 Wie rechnest du hier? Entscheide bei jeder Aufgabe neu.

3 Flaschenpost

Rechenwerkstatt

Rechnen wie im alten Ägypten

1 So multiplizierten die Menschen in Ägypten. Kannst du erklären, wie das Verfahren funktioniert?

1	
2	
4	
8	
16	Stopp!

1	12
2	24
4	48
8	96
16	Stopp!

2 Rechne die Aufgaben wie die alten Ägypter.

a) 14 · 12
b) 21 · 46
c) 27 · 86
d) 17 · 27
e) 24 · 47
f) 14 · 87
g) 26 · 17
h) 12 · 33
i) 23 · 65
j) 19 · 58
k) 13 · 75
l) 22 · 15

3

Wie viele Goldmünzen vererbt der Beduine?

Es war einmal ein Beduine, der hatte 3 Söhne. Jedem Sohn schenkte er 7 Zelte. In jedem Zelt standen 4 Truhen und in jeder Truhe gab es 5 Kästchen und in jedem Kästchen lagen 6 Goldmünzen.

a) Wie viel Geld muss er mehr haben, wenn es doppelt so viele Söhne sind?
b) Wie viel Geld muss er mehr haben, wenn es doppelt so viele Truhen sind?
c) Erfinde selbst so eine Beduinengeschichte.

Gleichungen und Zahlenrätsel

1

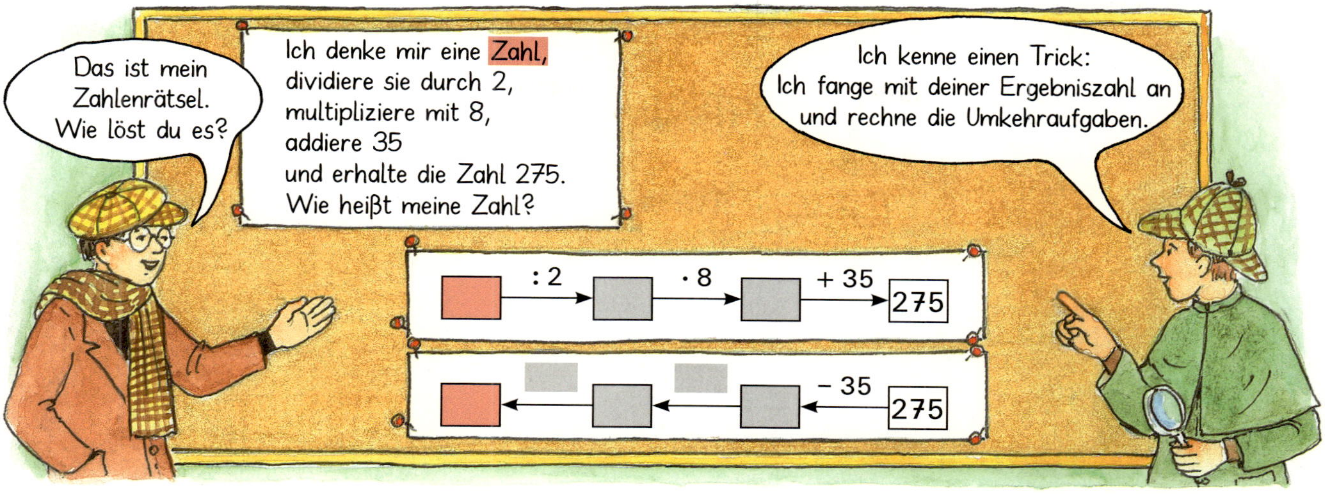

2 Wie heißen die gedachten Zahlen?

a) Ich denke mir eine Zahl,
multipliziere sie mit 4,
addiere 35,
subtrahiere 115 und
erhalte die Zahl 20.

b) Ich denke mir eine Zahl,
subtrahiere 555,
addiere das Vierfache von 111,
dividiere durch 8 und
erhalte die Zahl 111.

c) Ich denke mir eine Zahl,
dividiere sie durch 2,
dividiere durch 4,
multipliziere mit der Hälfte von 12
und erhalte die Zahl 360.

d) Wenn ich das Doppelte einer Zahl
noch einmal verdopple,
dann 2750 addiere
und 2749 subtrahiere,
erhalte ich die Zahl 1.

e) Wenn ich die Hälfte einer Zahl
mit 2 multipliziere,
50 subtrahiere
und 48 addiere,
erhalte ich die Zahl 998.

f) Erfinde eigene Zahlenrätsel.

3 Schreibe zu jeder Aufgabenkette ein Zahlenrätsel.

a) □ + 270 → □ : 5 → □ − 80 → 20

b) □ : 3 → □ · 4 → □ + 45 → □ + 115 → 720

4

b) Ich denke mir 2 dreistellige Zahlen.
Jede Zahl hat als Hunderter eine 4 und
die Quersumme 7. Die Summe beider
Zahlen ist größer als 825.

c) Ich denke mir 2 dreistellige Zahlen.
Jede Zahl hat als Einer eine 5 und die
Quersumme 9. Die Differenz beider
Zahlen ist 90.

Schriftlich dividieren durch Zehnerzahlen

1 Ein Storch legt auf seinem Flug zu seinem Winterquartier ungefähr 10 500 km zurück. Er braucht dafür 60 Tage. Wie viele Kilometer sind das an einem Tag?

2 Wie rechnest du?

a)	b)	c)	d)
954 : 3	7 704 : 6	3 680 : 80	99 480 : 40
9 540 : 30	77 040 : 60	89 880 : 70	3 960 : 30
8 755 : 5	6 930 : 9	47 060 : 20	61 600 : 80
87 550 : 50	69 300 : 90	23 530 : 10	72 030 : 70

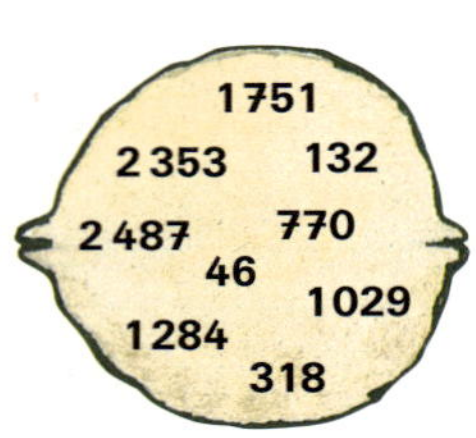

3 Immer 3 Fische haben dasselbe Ergebnis.

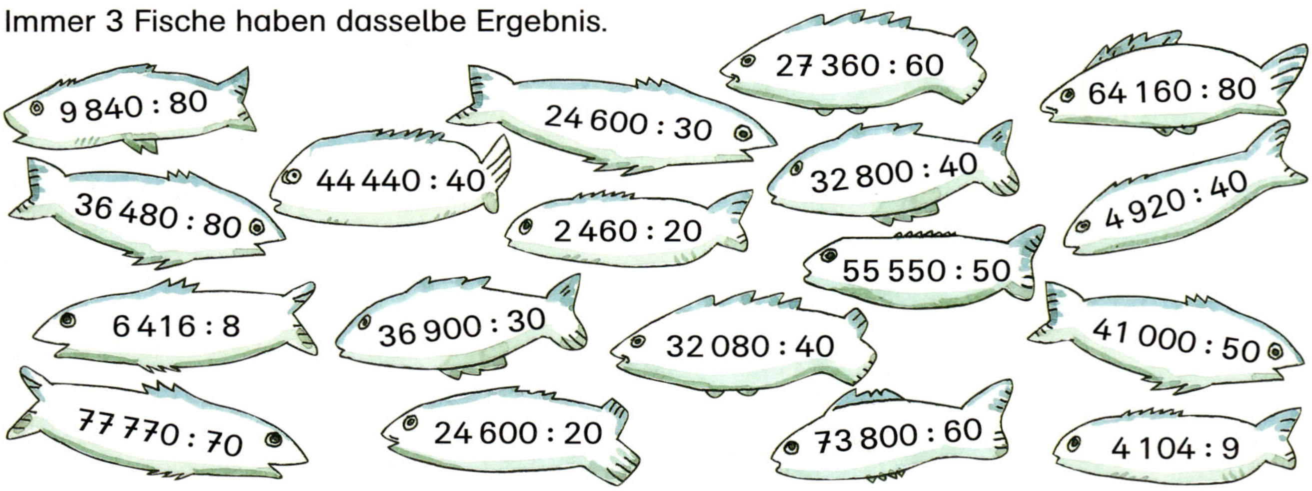

4

a) Ein Schwertwal soll in einer Stunde bis zu 54 Kilometer weit schwimmen können. Wie viele Meter schwimmt er in einer Minute?

b) Ein Elefant frisst am Tag etwa 200 kg Pflanzenkost, wie Blätter, Zweige, Wurzeln und Früchte. 4 Stunden ruht oder schläft er.

c) Im Schwirrflug schlägt der Kolibri etwa 11 700-mal in der Minute mit den Flügeln. Wie viele Flügelschläge sind das in der Sekunde?

d) Der Vogel Strauß wiegt etwa 105 kg. Im Jahr legt er ca. 70 Eier. Dies entspricht in etwa seinem Körpergewicht. Ein Hühnerei dagegen wiegt 60 g. Wie viele Hühnereier wiegen so viel wie ein Straußenei?

Schriftlich dividieren durch zweistellige Zahlen

1 Die 12 Gorillas im Zoo fraßen heute 348 kg Gemüse und Obst.
Wie viel fraß ein Gorilla?

2 Wie rechnest du?

a) 432 : 12
864 : 12
1 728 : 12
3 456 : 12

b) 13 860 : 15
12 360 : 15
10 860 : 15
9 360 : 15

924, 288, 1 351, 36, 270, 72, 907, 724, 144, 268, 824, 624, 1 129, 271, 685, 269

c) 5 360 : 20
5 380 : 20
5 400 : 20
5 420 : 20

d) 17 125 : 25
22 675 : 25
28 225 : 25
33 775 : 25

3 Finde Rechenfehler! Bei einigen Aufgaben reicht der Überschlag.

139 530 : 15 = 932
120 960 : 20 = 6 048
13 940 : 20 = 697
502 100 : 25 = 2 084
16 075 : 25 = 643

48 336 : 12 = 4 028
54 000 : 15 = 360
816 168 : 12 = 6 814
5 130 : 15 = 342
482 412 : 12 = 4 201

4

1

Carl Friedrich Gauß

Carl Friedrich Gauß lebte von 1777 bis 1855.
Er war ein berühmter Mathematiker.
Von ihm wird berichtet, dass er schon in der Grundschule seine Lehrer durch seine Rechenkünste verblüffte.

Als Carl Friedrich Gauß 9 Jahre alt war, stellte Lehrer Büttner die Aufgabe, die Zahlen von 1 bis 100 zu addieren. Alle Kinder arbeiteten angestrengt und addierten mühsam Zahl um Zahl. Aber der kleine Gauß legte nach nur wenigen Minuten seine Schiefertafel mit dem richtigen Ergebnis auf das Pult des völlig überraschten Lehrers.

$1 + 2 + 3 + 4 + 5 + 6 + \ldots + 95 + 96 + 97 + 98 + 99 + 100 = \square$

Carl Friedrich Gauß hat einen Trick angewandt und Zahlbeziehungen genutzt. Entdecke diesen Trick selbst. Der Lösungsweg von Max und die gefärbten Felder der Hundertertafel helfen dir.

Aufgabe: Addiere die Zahlen von 1 bis 10.

MAX

1	2	3	4	5
+	+	+	+	+
10	9	8	7	6

$5 \cdot \square = \square$

Hast du den Trick erkannt?
Wie hättest du die Aufgabe gelöst?
Wie groß ist dann die Summe der Zahlen von 1 bis 100?

2

Eine Turmuhr schlägt nur zur vollen Stunde: Um 1 Uhr schlägt sie einmal, um 2 Uhr zweimal usw.
a) Wie oft schlägt sie in 12 Stunden?
b) Wie oft in 24 Stunden?

3

Berechne die Summe der Zahlen
a) von 1 bis 20
b) von 1 bis 1000
c) von 1 bis 49
d) von 1 bis 199.

4

Sei schlau wie Gauß.
a) Rechne einige Aufgaben. Was fällt dir auf?
b) Kannst du die Ergebnisse der Aufgaben in den Feldern nennen, ohne zu rechnen?
c) Wie geht es weiter?

12 · 99	112 · 99	1 112 · 99	…
23 · 99	223 · 99	2 223 · 99	…
34 · 99	334 · 99	3 334 · 99	…
45 · 99	445 · 99	4 445 · 99	…

Rechenwerkstatt

1 Ali spielt gern Schach. Das Spiel wurde in Indien erfunden. In einem Buch fand er folgende Geschichte über diese Erfindung:

> Ein indischer König war vom Schachspiel so begeistert, dass er den Erfinder zu sich rief und sprach: „Kluger Mann, womit kann ich dich belohnen? Du hast einen Wunsch frei." Der Mann dachte eine Weile nach. Dann nahm er ein Schachbrett und sagte: „Belohne mich mit Reiskörnern. Gib mir für das erste Feld ein einziges Korn, für das zweite Feld doppelt so viel wie für das erste, also zwei. Für das dritte Feld möchte ich doppelt so viel wie für das zweite und so fort bis zum 64. Feld."

1. Ob der König diesen Wunsch erfüllen konnte? Was denkst du?

2. Schätze. Auf welchem Feld werden etwa
   a) 1 000 Reiskörner
   b) 10 000 Reiskörner
   c) 100 000 Reiskörner liegen?

3. a) Rechne genau aus, wie viele Körner auf den ersten 20 Feldern liegen.

Feld	1	2	3	4	5	6	7	8	9	10	11
Körnerzahl	1	2	4	8							

   b) Wie viele Körner sind es auf diesen 20 Feldern insgesamt?
   c) Vergleiche die Gesamtzahl der Körner auf den Feldern 1 bis 19 mit der Körnerzahl auf Feld 20. Welche Zahl wird größer sein? Schätze zuerst, rechne dann.

2 a) Wenn für die Reiskörner Cent-Stücke genommen werden, kann man sie zu einem Turm aufbauen. Ein Cent-Stück ist etwa 1 mm hoch. Berechne jeweils die Höhe des Turmes auf den ersten 16 Feldern.

b) Ein Cent-Stück ist ungefähr 2 g schwer. Wie schwer wird ein Beutel mit Cent-Stücken auf dem 10., 15., 20. Feld?

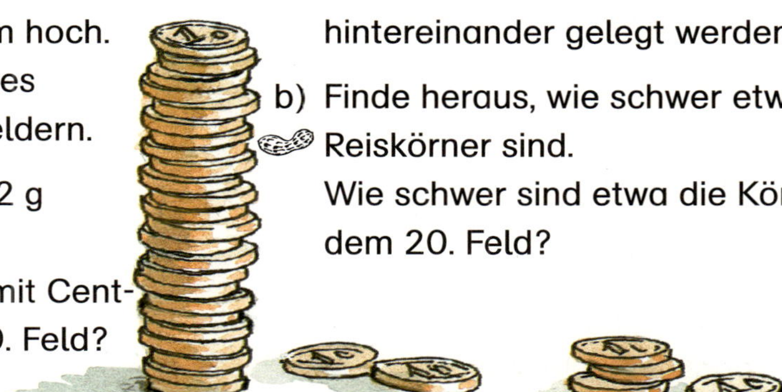

3 a) Wie lang ist ungefähr ein Reiskorn? Wie lang wird etwa die Strecke, wenn die Reiskörner vom 20. Feld hintereinander gelegt werden?

b) Finde heraus, wie schwer etwa 100 Reiskörner sind. Wie schwer sind etwa die Körner auf dem 20. Feld?

Bayerischer Wald

Der Bayerische Wald ist ungefähr 120 km lang und durchschnittlich 35 km breit.

Im Bayerischen Wald gibt es 7 000 km Wanderwege, von denen 1 100 km als Fernwanderwege ausgewiesen sind.

Übernachtungsmöglichkeiten im Landkreis Cham im Jahr 2004

	Betten
Hotels	8 487
Gaststätten	2 130
Pensionen	2 430
Feriendörfer	3 275
Ferienwohnungen	6 385
Bauernhof-FeWo	1 739
Bauernhof-Ü/F	421
gesamt:	24 867
davon gewerblich	17 500

Der Fernradweg Bayern – Böhmen führt in 4 Streckenabschnitten von Regensburg nach Prag. Er hat eine Gesamtlänge von 302 km. Die Streckenabschnitte 3 und 4 sind 69 und 74 km lang.

Im Bayerischen Wald leben ungefähr 1,1 Millionen Menschen.

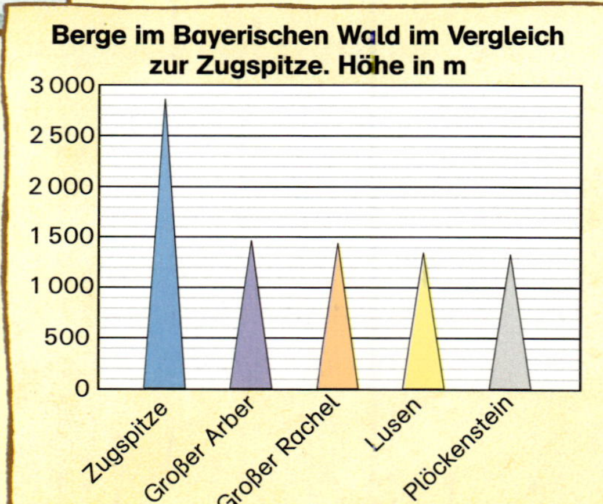

1. Wie lange müsste man ununterbrochen wandern, wenn man 4 km in einer Stunde schafft und alle Fernwanderwege des Bayerischen Waldes abgehen möchte?
2. Wie groß ist der Höhenunterschied zwischen dem Großen Arber und dem höchsten Berg Deutschlands ungefähr?
3. Wie viele Gästebetten gab es im Jahr 2004 im Landkreis Cham in Hotels, Gaststätten und Pensionen zusammen?
4. Der zweite Streckenabschnitt des Fernradwegs Bayern–Böhmen ist um 7 km kürzer als der erste. Wie lang sind die Streckenabschnitte 1 und 2?

Mit den Skiliften am Großen Arber können in einer Stunde 10 000 Personen befördert werden.
In Sankt Englmar können 3 000 Personenen befördert werden.

So häufig wurden diese gefährdeten Tiere in den Jahren 2003 und 2002 im Nationalpark Bayerischer Wald beobachtet:

	2003	2002
Luchs	84	99
Fischotter	14	20
Auerhuhn	92	62
Haselhuhn	48	37
Schwarzstorch	16	24
Wanderfalke	15	16
Eisvogel	10	6

Im Bayerischen Wald sind über 2 000 km Loipen für die Skilangläufer gespurt. So lang sind die Routen in diesen Orten:

Bodenmais	99 km
Bayerisch-Eisenstein	158 km
Zwiesel	71 km
Sankt Englmar	56 km
Mauth-Finsterau	98 km
Deggendorf-Rusel-Bischofsmais	87 km
Neureichenau	108 km

Belegung des Wildniscamps im Nationalpark Bayerischer Wald im Jahr 2003

	Schulklassen	Jugendgruppen
Personen	442	279
Übernachtungen	1769	824
Belegtage	80	61

An den Führungen im Nationalpark nahmen in den Jahren 2001 und 2003 so viele Schüler teil:

	2001	2003
Tagesprogramm	6 462	7 119
Wochenprogramm	1 773	2 386

1. Berechne die Zahl der Übernachtungen von Schulklassen und Jugendgruppen im Wildniscamp im Jahr 2003.
2. Wie haben sich die Teilnehmerzahlen beim Wochenprogramm zwischen 2001 und 2003 verändert?
3. Stelle Fragen zu den Informationen auf diesen beiden Seiten.
4. Schreibe Aufgaben für die Sachrechenkartei.

Achsensymmetrie

1

Spiel für 2 Personen:

Franka zeichnet eine Figur.
Jan zeichnet die Figur spiegelbildlich.

Jetzt zeichnet Jan die Figur weiter und Franka ergänzt.

2 Zeichne die Figur in dein Heft und ergänze das Spiegelbild. Kontrolliere mit dem Spiegel.

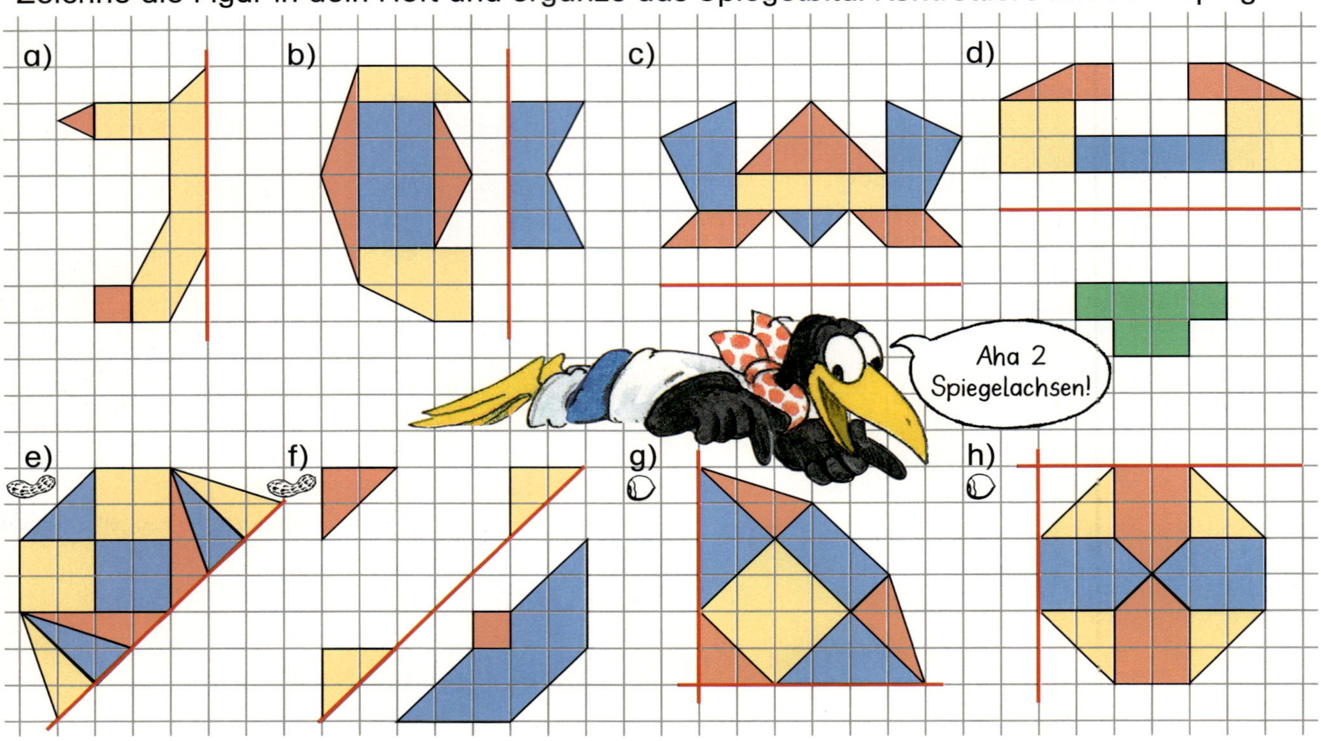

3 Nimm ein Geobrett. Spanne eine rote Symmetrieachse und eine Figur. Spiegle die Figur.

4 Welche Figur hat keine Spiegelachse?

Achsensymmetrie

1

Falte zuerst wie die 4 Kinder ein quadratisches Blatt Papier auf unterschiedliche Art.
Zeichne dann die gleiche Figur auf jedes gefaltete Papier und schneide sie aus.
Welches Muster ergibt sich nach dem Entfalten? Wähle aus. Begründe.

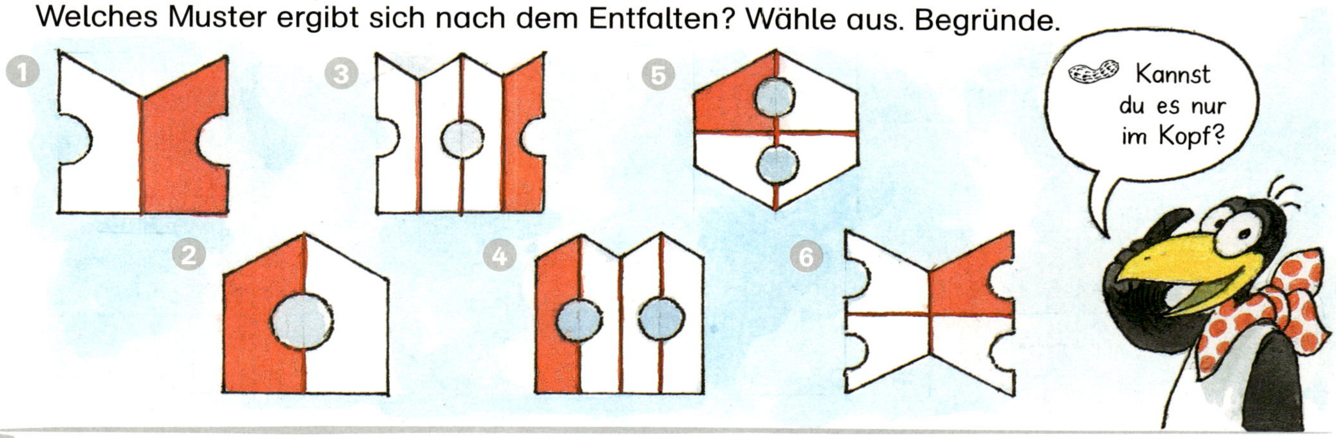

2 Doro hat 6 weitere Figuren gezeichnet. Welche Figur passt zu welchem Muster? Begründe.

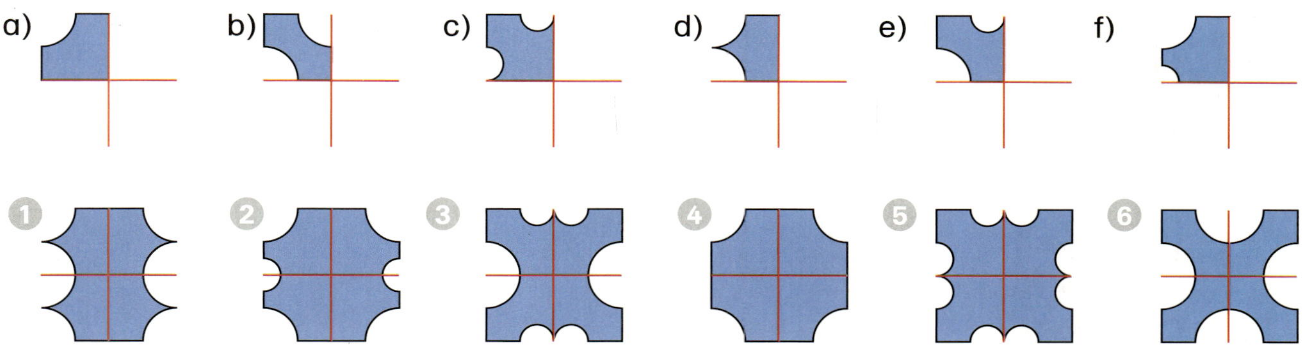

3

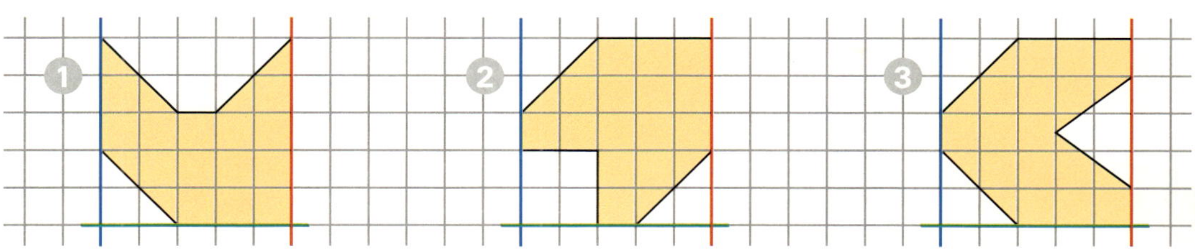

a) Spiegle wie Anna an der roten Spiegelachse.
b) Spiegle wie Berat an der blauen Spiegelachse.
c) Spiegle wie Carlo zuerst an der roten und dann die gesamte Figur an der blauen Achse.
d) Spiegle wie Doro zuerst an der roten und dann die gesamte Figur an der grünen Achse.

Achsen- und Drehsymmetrie

1

Diese Figuren sind drehsymmetrisch. Kannst du den Begriff erklären? Suche weitere Beispiele.

2

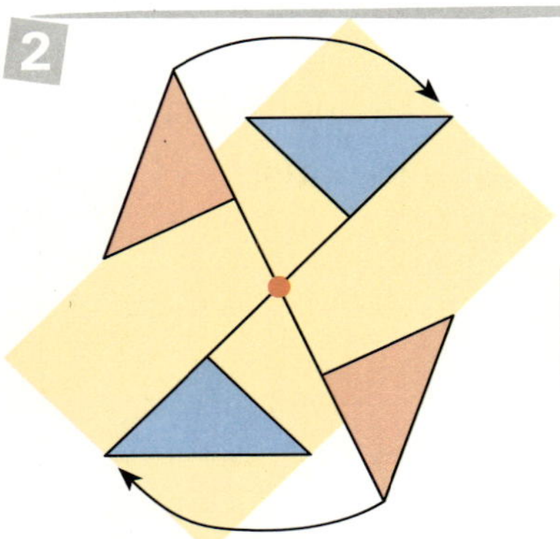
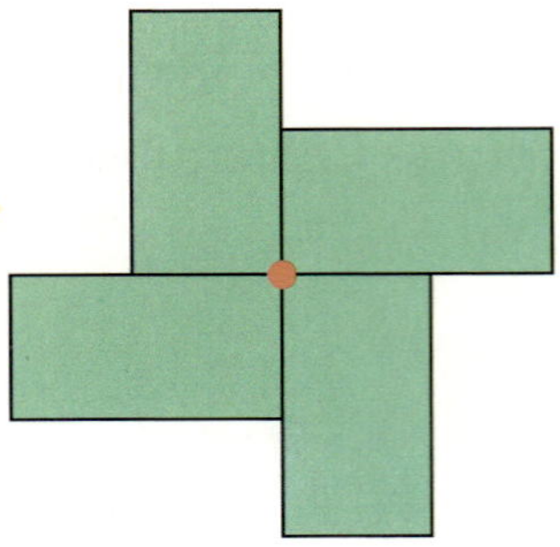

a) Lege Transparentpapier auf jede Figur und zeichne sie ab. Wie musst du deine Bilder drehen, damit sie mit der Figur im Buch wieder zur Deckung kommen?

b) Erfinde selbst drehsymmetrische Figuren und zeichne sie.

3 Zeichne ab und ergänze zu drehsymmetrischen Figuren.

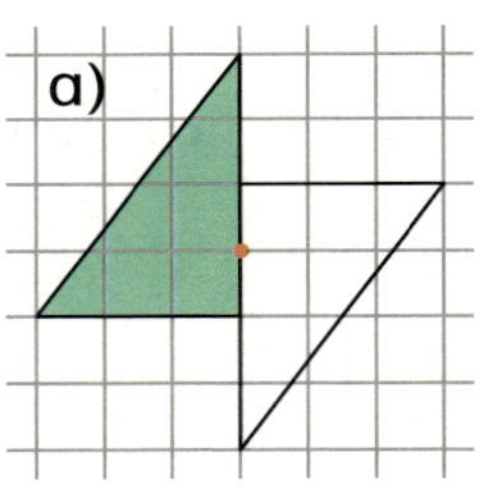

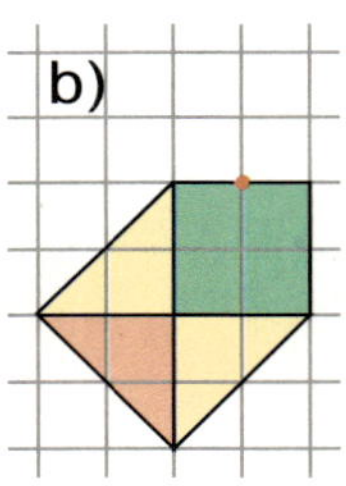

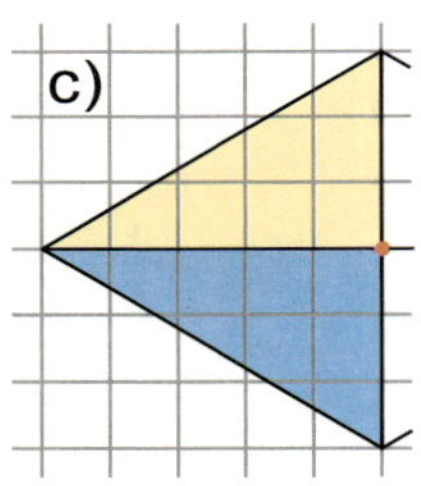

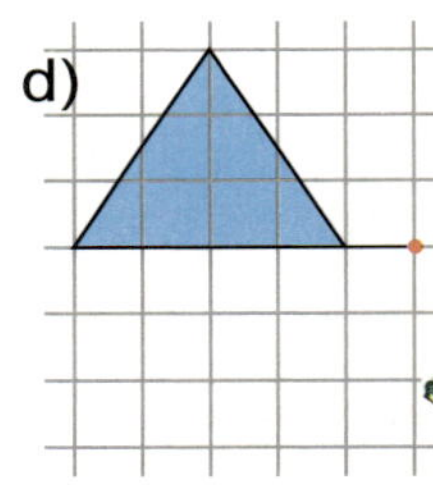

4

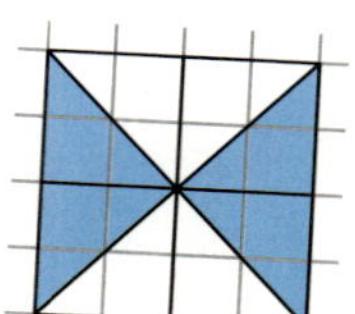
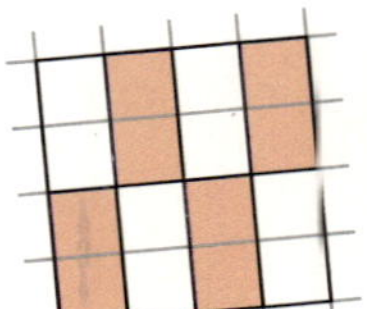
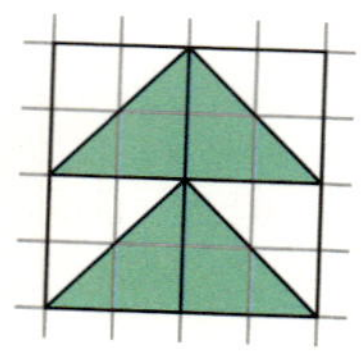

a) Wer hat welche Figur gezeichnet?

b) Zeichne eigene Figuren, wie Luisa, Carla und Erik.

1

Wie könnte man die Figur leicht herstellen?

2 Ronja hat mehrere gleiche Formen gezeichnet und sie ausgeschnitten. Die Formen klebt sie so auf, dass sie immer in die gleiche Richtung verschoben sind.

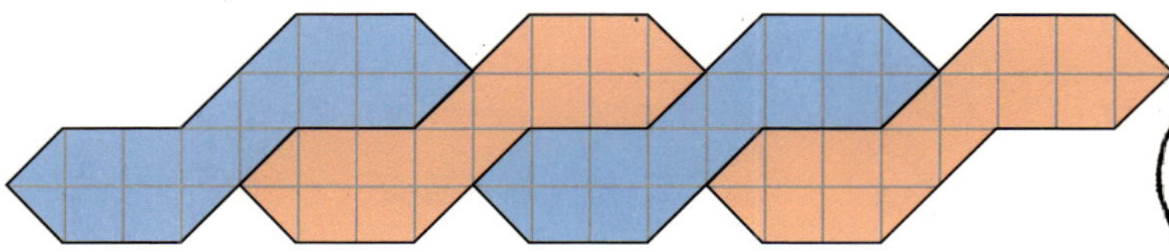

a) Stelle die Figur von Ronja her.
b) Zeichne eine weitere Figur mit dem Geodreieck und male sie an.

3 Zeichne die Figuren in dein Heft.
Gib wie bei a) die Vorschrift an.

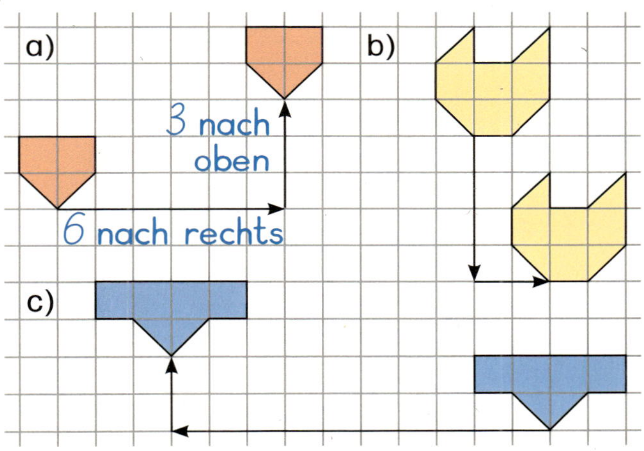

4 Übertrage die Figuren in dein Heft.
Verschiebe nach Vorschrift.

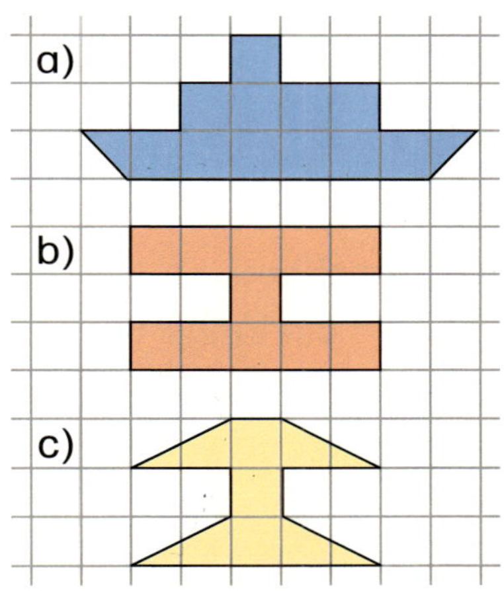

a) 10 nach rechts
5 nach oben

b) 5 nach links
3 nach unten

c) 8 nach links
2 nach oben

5 Emelie und Benedikt verschieben abwechselnd eine Figur mit 2 Schritten.
Emelie zeichnet mit einem blauen, Benedikt mit einem roten Farbstift.

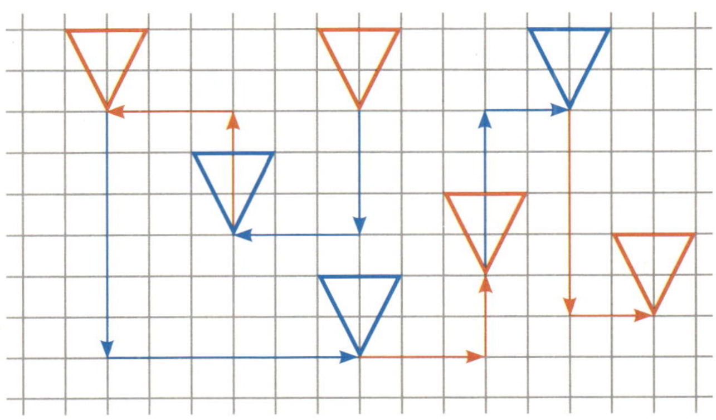

a) Zeichne die Figuren in dein Heft und notiere die Vorschrift.

b) Nach welchen Vorschriften könnte man am einfachsten von der ersten zur letzten Figur kommen?

c) Zeichne Figuren und verschiebe sie abwechselnd mit deinem Partner.

Maßstab

1

Maßstab 1 : 5 heißt:
1 cm in der Zeichnung sind
5 cm in der Wirklichkeit.

2

a) In welchem Maßstab ist das Lineal abgebildet?

b) Die Spielzeugautos sind in Wirklichkeit 12 cm und 20 cm lang.

3

a) Zeichne das Muster im Maßstab 1:2.

b) Zeichne es auch im Maßstab 1:4 und 1:8.

c) Zeichne nun die Fläche von deinem Tisch und darauf verschiedene Gegenstände im Maßstab 1:10.

4

Kiara hat den Grundriss ihres Zimmers im Maßstab 1:100 gezeichnet.

a) Wie lang ist eine 1 cm lange Strecke in Wirklichkeit?

b) Wie lang und wie breit ist das Zimmer?

c) Welche Maße kannst du für die Tür, das Fenster und die Möbel angeben?

d) Zeichne den Grundriss deines Zimmers (des Klassenzimmers) im Maßstab 1:100.

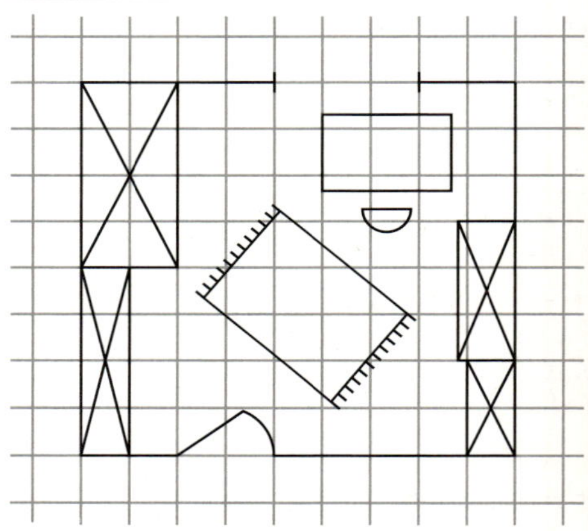

5

Der Stadtplan ist im Maßstab 1:10 000 gezeichnet.

a) Wie lang ist eine 1 cm (1 mm) lange Strecke in der Wirklichkeit?

b) Lisa hat einige Wege farbig markiert. Wie lang ist ihr Weg von der Schule (S) zur Wohnung (W), von der Wohnung zur Turnhalle (T), zum Einkaufsmarkt (E) und zum Fußballstadion (F)?

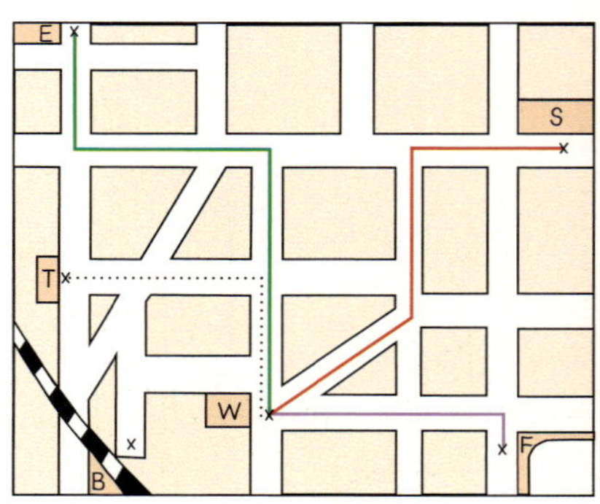

1

Miss auf der Karte (Luftlinie) und berechne dann die Entfernungen:

a) von Meersburg nach Konstanz,
b) von Friedrichshafen nach Romanshorn,
c) von Konstanz nach Lindau.
d) Miss auch noch andere Strecken.

Maßstab 1 : 500 000
0 5 10 15 20 km

2

Len: „Der Bodensee ist ungefähr 60 km lang und 15 km breit.“ Stimmt das?

3

An der tiefsten Stelle ist der See 252 m tief. Vergleiche mit Höhen von Gebäuden aus deinem Wohnort.

4

1 Von den 3 Schülerinnen Lena, Pia und Ronja aus der Klasse 4b weiß man:

a) Sie wohnen in der Bahnhofstraße, der Rathausgasse und in der Panoramastraße.
b) Sie haben 3 verschiedene Hobbys: Inliner fahren, Karten spielen und schwimmen.
c) Sie haben 3 verschiedene Lieblingsfächer: Sport, Kunst und Mathe.
d) Lena macht Mathe nicht so gern. Sport auch nicht, obwohl sie gerne Inliner fährt.
e) Pia und Lena wohnen in den beiden Straßen.
f) Eine Schülerin entdeckt:
Mit ein paar Buchstaben meines Hobbys schreibe ich meinen Namen!
g) Die Schülerin mit dem Lieblingsfach Sport wohnt in der Bahnhofstraße.
h) In der Panoramastraße kann man prima Inliner fahren.

	Straße	Lieblingsfach	Hobby
Lena			Inliner fahren
Pia			
Ronja			

2 Im Hamburger Hafen liegen 4 Schiffe nebeneinander. Jedes hat eine besondere Ladung und ein eigenes Ziel. Auf jedem Schiff arbeiten unterschiedlich viele Seeleute.

Schiffsname				
Zahl der Seeleute				
Fracht				
Ziel				

a) Das Passagierschiff liegt zwischen dem Schiff mit den 20 Seeleuten und dem Schiff, das Maschinen geladen hat.
b) Das Schiff an Pier 2 trägt den Namen „Monte Rosa".
c) 20 Seeleute arbeiten auf der „Monte Rosa".
30-mal so viele heuern auf der „AIDAblu" an.
d) Das Schiff, das nach Buenos Aires fährt, transportiert Elektronik.
e) An Pier 1 werden Arzneimittel für Kapstadt verladen.
f) Auf dem Schiff an Pier 1 arbeiten 6 Seeleute weniger als auf dem Nachbarschiff.
g) „AIDAblu" ist der Name des Passagierschiffs.
h) Auf der „Bangkok Express" arbeiten 2 Seeleute weniger als auf dem Schiff an Pier 2.
i) Das Passagierschiff geht auf Kreuzfahrt nach Teneriffa.
j) Ein Schiff fährt nach Hongkong. Es ist nicht die „Grey Fox".

1

a)
81 : ☀ = ☀
☾ + ☾ = ★
☀ : ☾ = ☾

b)
72 : 🙂 = ☹
☹ + ☹ = 😐
🙂 · 🙂 = 64

c)
🔔 · 🕐 = 🔔
🕐 : 🕐 = 🕐
10 · 🕐 = 🔔

d)
$a + a = b$
$a \cdot a = b$
$b - a = a$

e)
$c \cdot c = d$
$e \cdot e = f$
$d + f = 100$

f)
$h : h = i$
$i + i = h$
$g \cdot h = g$

2

Rund um die 100

● · ● = 100
● − ● = 0

● + ▲ = 100
● − ▲ = 10

● + ▲ = 100
● − ▲ = 100

● + ▲ = 100
● · ▲ = 99

● − ▲ = 100
● : ▲ = 2

● + ▲ = 100
● : ▲ = 4

● · ▲ = 100
● : ▲ = 25

● · ▲ = 100
● + ▲ = 25

3

a)

4	10	16
2	5	?

b)

9	15	21
3	?	7

c)

11	18	25
4	11	?

d)

5	15	25
10	?	?
20	?	?

e)

?	80	?
20	40	60
?	20	?

4 3 Worte: Wer knackt die Botschaft?

1 328
712 548
712 854
19 537

17
214 587
1 328

174 248
178
1 782
317 965

Schreibe selbst eine Geheimbotschaft.

Zeitpunkte und Zeitspannen

Zu unserem Sonnensystem gehören 9 Planeten.
Sie sind unterschiedlich weit von der Sonne entfernt und brauchen verschieden lange, bis sie sich einmal um die Sonne gedreht haben.

Planet	Umlaufdauer um die Sonne
Jupiter	12 Jahre
Uranus	84 Jahre
Venus	225 Tage
Pluto	249 Jahre
Mars	687 Tage
Neptun	165 Jahre
Saturn	$29\frac{1}{2}$ Jahre
Merkur	88 Tage
Erde	$365\frac{1}{4}$ Tage

Die Angaben sind gerundet und beziehen sich auf irdische Jahre und Tage.

1
a) Ordne die Planeten nach ihrer Umlaufdauer. Beginne mit der kürzesten Dauer. Was fällt dir auf?
b) Gib für Jupiter (Saturn, Uranus, Pluto, Neptun) die Umlaufdauer in Tagen an. Rechne mit 365 Tagen für ein Jahr.

2 Vergleiche die Umlaufdauer von Planeten miteinander:

Wie oft hat sich die Erde um die Sonne gedreht, wenn sich Jupiter einmal um die Sonne gedreht hat?

a) Erde und Jupiter
Erde und Mars
Erde und Saturn
b) Uranus und Jupiter
Jupiter und Pluto
Venus und Mars

3

MAXE
Ich habe mich schon 10-mal mit der Erde um die Sonne gedreht.

JOSSIE
Mein Opa Otto ist 10 Jahre jünger als der Uranus für eine Runde um die Sonne braucht.

Schreibe eigene Planeten-Rechen-Geschichten.

4 Wandle um in ...

a) Jahre:
24 Monate,
60 Monate,
18 Monate.

b) Monate:
$\frac{1}{2}$ Jahr,
4 Jahre,
61 Tage.

c) Stunden:
180 min,
240 min,
90 min,
4 Tage,
1 Woche,
Juli.

d) Minuten:
120 s,
300 s,
$\frac{1}{4}$ h,
6 h,
5 h 8 min,
1 Tag.

5

Weil die Erde für ihren Weg um die Sonne etwa 6 Stunden länger als 365 Tage braucht, wird jedes 4. Jahr um einen Tag verlängert – den 29. Februar. Diese Jahre heißen Schaltjahre und haben 366 Tage.

Das Jahr 2000 war ein Schaltjahr. Schreibe 5 frühere und 5 spätere Schaltjahre auf.

1

a) Zeige die Jahreszahlen auf der Zeitleiste.

b) Ordne. Beginne mit dem frühesten Datum.

c) Wie viel Zeit ist seither vergangen? Schreibe in Jahren (in Jahren und Monaten).

Im Jahre 1609 schaute Galileo Galilei zum ersten Mal durch ein Fernrohr in den Himmel. **S**

Am 20. Juli 1969 betraten die ersten Menschen den Mond: Neil Amstrong und Edwin Aldrin. **T**

Die Weltraumforschungsstation ISS ist ein „fliegendes Labor". Sie soll mindestens bis 2013 in Betrieb sein. **K**

Am 13. März 1781 entdeckte William Herschel den Planeten Uranus. **P**

Am 12. April 1961 flog der erste Mensch ins Weltall: Juri Gagarin. **U**

Am 4. Januar 2004 landete der Roboter Spirit auf dem Mars. **I**

Am 24. April 1990 brachte der Raumtransporter Discovery „Hubble" ins All: das erste Weltraumteleskop. **N**

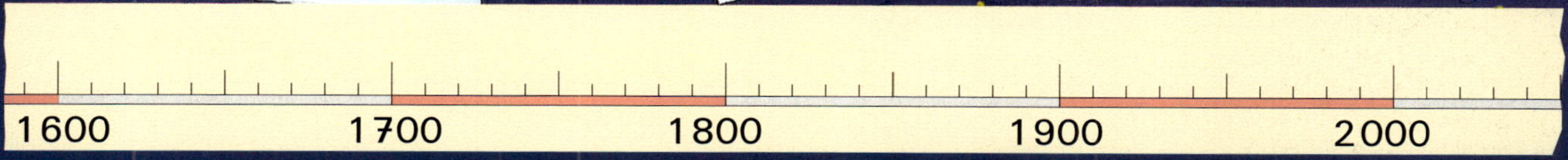

2

Mit dem Space Shuttle ins All

Space Shuttles (Raumtransporter) bringen Satelliten in die Erdumlaufbahn, transportieren Raumsonden und befördern Astronauten, z. B. zur internationalen Raumstation ISS. Ein Space Shuttle startet wie eine Rakete. Dabei hängt es huckepack auf einem riesigen Außentank und zwei Feststoffraketen, die kurz nach dem Start abgetrennt werden. In weniger als einer Viertelstunde erreicht es seine Umlaufbahn um die Erde.

Während des Fluges wird das Shuttle wie ein Raumschiff genutzt. Es kann viele Tage in der Umlaufbahn bleiben, ehe es wie ein Flugzeug zur Erde zurückkehrt.

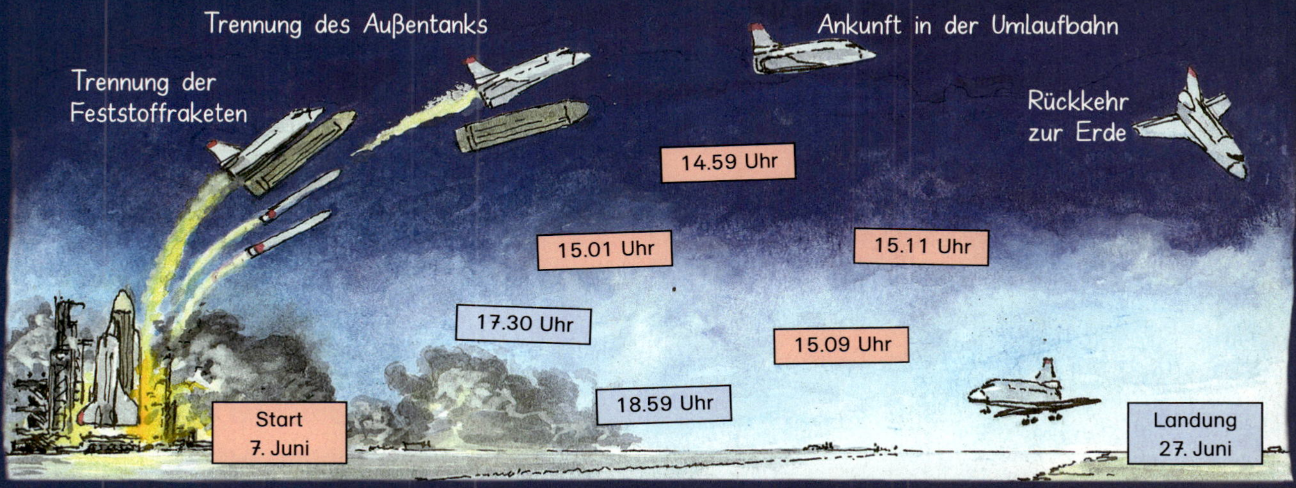

a) Ordne die Zeitpunkte dem Shuttle-Flug zu. Achte auf das Datum.
Start: 7. Juni 14.59 Uhr

b) Zeichne den Flug als Pfeilbild.

c) Berechne die Flugdauer des Shuttles in Tagen, Stunden und Minuten.

d) Finde Fragen und berechne die Zeitdauer.

Fahrpläne und Fahrzeiten

1

Herr Diestel möchte mit dem Reisemobil nach London fahren. Im Internet findet er einen Routenplan.

a) Kannst du den Routenplan erklären?

b) Durch welche Länder führt diese Reiseroute?

c) Berechne die reine Fahrzeit zwischen den einzelnen Orten. Zeichne ein Pfeilbild.

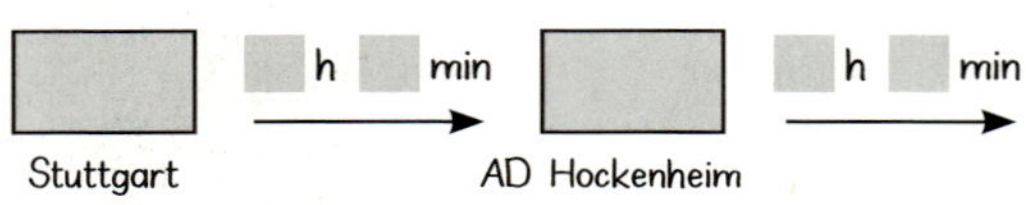

	Ort	Entfernung ab Start	Zeitdauer ab Start
	Stuttgart	–	0:00
	Autobahndreieck Hockenheim	110 km	1:06
	Autobahnkreuz Köln	359 km	3:09
ZOLL DOUANE	Heerlen/Niederlande	508 km	4:30
ZOLL DOUANE	Stein/Belgien	615 km	4:47
ZOLL DOUANE	Dunkerque/Frankreich	875 km	7:30
	Calais-Port (Hafen) Frankreich	918 km	8:04
	Autofähre		
ZOLL DOUANE	Dover/Großbritannien	967 km	9:32
	London	1088 km	12:58

2

Über den Ärmelkanal kann man auf Autofähren fahren. Zeichne Pfeilbilder und berechne die Fahrzeiten der verschiedenen Schiffe.

3

Der Routenplaner berechnet nur die reine Fahrzeit. Tatsächlich braucht eine Familie mit Wohnmobil von Stuttgart nach London viel mehr Zeit.

a) Kannst du erklären warum?

b) Schätze, wann und wo Pausen zum Essen, Bewegen oder Schlafen gemacht werden. Zeichne ein Pfeilbild dazu.

c) Ankunft in London soll gegen 18.00 Uhr sein. Kannst du die Reise entsprechend planen?

Alle Zeitangaben der Seite beziehen sich auf MEZ.

1 Welche Verkehrsmittel gibt es im Verkehrsnetz Nürnberg?

2

3 Beschreibe wie du von ▢ nach ▢ kommst.

a) Tiergarten – Flughafen
b) Hallertor – Dutzendteich
c) Ostbahnhof – Nordostbahnhof
d) Flughafen – Erlenstegen
e) Katzwang – Wodanstraße

4 Marion fährt vom Fr.-Ebert-Platz aus 5 Stationen.

a) Wo kann sie ausgestiegen sein, wenn sie nicht umgestiegen ist?
b) Wo kann sie ausgestiegen sein, wenn sie umgestiegen ist?

5 Wegen einer Störung kann man am Hauptbahnhof nicht umsteigen. Wie kann man trotzdem von Langwasser zum Flughafen kommen?

6 Lukas ist vier Stationen weit gefahren und steigt am Hummelsteiner Weg aus. Wo kann er eingestiegen sein?

Große Flugzeuge

BOEING B747-400

70,66 m lang
19,40 m hoch
64,44 m Spannweite
66 t Nutzlast

216 840 l Tankvolumen
13 445 km Reichweite
920 km/h Reisegeschwindigkeit

A340-600

Hersteller:	Airbus
Plätze	
First Class:	12
Business Class:	54
Economy Class:	314
Länge:	75,30 m
Spannweite:	63,45 m
Höhe:	17,30 m
Tankgröße:	194 880 l
Reichweite:	13 900 km
Reisegeschwindigkeit:	890 km/h
Nutzlast:	55,600 t
Erstflug:	2001

1 Erstelle eine Tabelle und füge weitere Kategorien an. Nimm dein Heft dazu quer.

Flugzeugtyp	Länge	Spannweite	Nutzlast
B747-400	70,66 m	64,44 m	66 t
A340-600			
B777-300			unbekannt

2 Schreibe eine Liste mit dir unbekannten Wörtern.

3 Hat Trax Recht? Begründe.

4 Miss nach, ob man die Flugzeuge auf dem Schulhof deiner Schule oder auf einem Fußballfeld parken könnte.

5 Überprüfe, ob alle Kinder deiner Schule in einem der Flugzeuge Platz hätten. Überschlage.

6 Vergleiche die Höhe der Flugzeuge mit der Höhe deiner Schule und anderen hohen Gebäuden in der Umgebung.

7 Der Tank eines Kleinwagens fasst ungefähr 50 l Benzin. Wie viele Autotankfüllungen passen in die Tanks der Flugzeuge?

BOEING B777-300

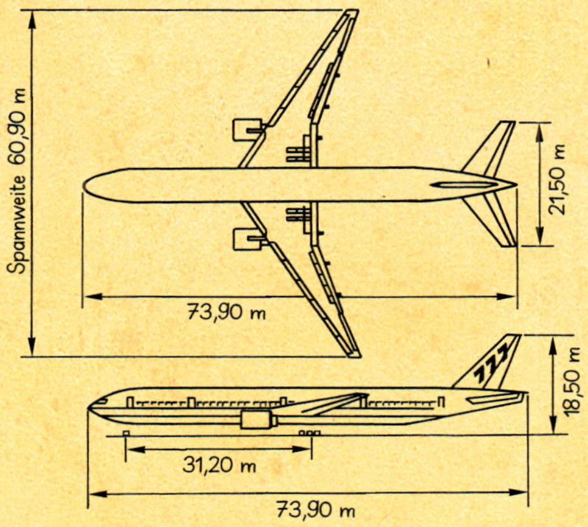

900 km/h Reisegeschwindigkeit
11 029 km Reichweite
171 160 l Tankvolumen

Passagierkapazität:
30 First, 84 Business, 254 Economy

Der A380

Das neue Doppeldeck-Großraumflugzeug der Firma Airbus wird voraussichtlich ab 2006 im Linienverkehr eingesetzt werden und verfügt über 22 Plätze in der First Class, 96 Plätze in der Business Class und 437 Plätze in der Economy Class.

Mit einer Länge von 73,00 m, einer Höhe von 24,10 m und einer Spannweite von 79,80 m passt es an den Flughäfen gerade noch in die üblichen 80 x 80 m Parkbuchten.

Bei einer durchschnittlichen Reisegeschwindigkeit von 900 km in der Stunde beträgt die Reichweite (Strecke, die das Flugzeug mit einer Tankfüllung fliegen kann) 14 800 km. Dies ermöglicht das stattliche Tankvolumen von 310 000 l. Durch 4 starke Triebwerke kann die Maschine eine Nutzlast von bis zu 66,4 t befördern.

„In der Economy Class einer B777-300 haben über 3-mal mehr Passagiere Platz als in der Business Class!"

„Ein A 380 kann im Vergleich zum A340-600 über 10 t mehr Nutzlast befördern!"

„Ein A340-600 kann mit einer Tankfüllung rund 3 900 km weiter fliegen als eine Boeing 777-300!"

„Kein Flugzeug kann ohne Zwischenstopp von Frankfurt nach Sydney fliegen!"

8 a) Überprüfe die Aussagen.
b) Mache weitere Aussagen und lass sie von deinem Partner überprüfen. Nutze deine Übersichtstabelle.

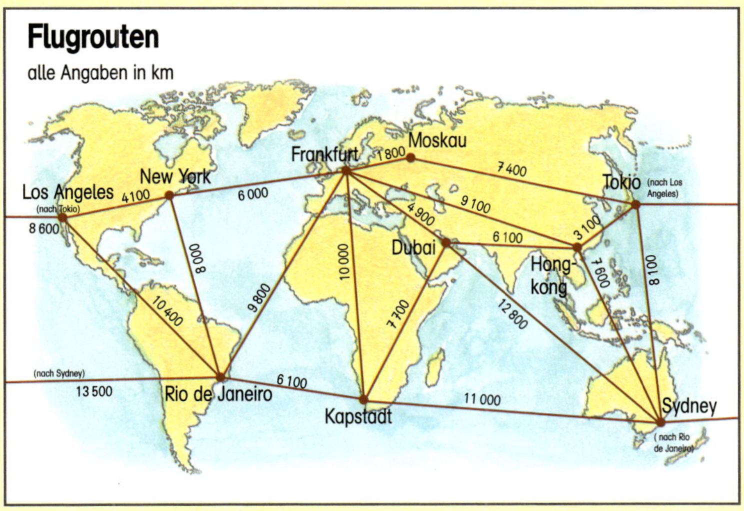

9 Wie weit können die Flugzeuge bei Reisegeschwindigkeit in 2 h (4 h, 6 h, ... 14 h) fliegen? Verwende dazu eine Tabelle. Ermittle mit Hilfe der Karte Strecken, die sie in dieser Zeit zurücklegen können.

10 Eine Boeing 747-400 fliegt von Frankfurt nach Hongkong.
a) Überschlage, wie lange die Maschine ungefähr braucht.
b) Ein Auto fährt durchschnittlich 100 km in einer Stunde. Wie lange würde ein Auto ungefähr für dieselbe Strecke benötigen, wenn es eine direkte Straßenverbindung gäbe?

Links siehst du einen kurzen Teil eines Kinofilmstreifens in Originalgröße. Im Kino wird der Film von einer Rolle (Spule) in den Projektor gezogen und jedes Bild für einen kurzen Moment wie ein Dia auf die Kinoleinwand projiziert. Um die Illusion einer gleichmäßigen Bewegung vorzutäuschen, müssen in jeder Sekunde 24 Bilder gezeigt werden.

Perforation
Mit Hilfe dieser Löcher wird der Film über Zahnräder durch den Filmprojektor gezogen. Jedes Bild ist genau 4 Perforationslöcher hoch.

Tonspuren
Hier ist der Ton des Films gespeichert. Bei Kinofilmen gibt es sehr viele Tonspuren, zum Beispiel für Raumklang.

Übrigens:
Die Entstehung eines Zeichentrickfilmes ist besonders aufwändig, denn hierzu müssen alle Bilder von Hand gezeichnet und anschließend auf den Filmstreifen abfotografiert werden.
Um den Zeichenaufwand möglichst gering zu halten, verwenden die Filmemacher einen kleinen Trick: Es werden pro Filmsekunde nur 12 Zeichnungen gefertigt, von denen jede zweimal hintereinander auf den Filmstreifen fotografiert wird.
Seit den Neunziger Jahren werden Trickfilme auch zunehmend ganz am Computer erstellt. Solche Filme nennt man computeranimierte Filme.

1 Übertrage die Tabelle in dein Heft und führe sie fort. Runde wenn nötig.

Spielzeit	Bilder auf der Filmrolle	Zeichnungen	Länge des Films
1 s			cm
1 min			m
10 min			
20 min			
2 h			km

2 Was kann man rechnen?

Der erste abendfüllende Zeichentrickfilm war im Jahre 1937 „Schneewittchen und die sieben Zwerge". Der Film läuft 83 Minuten.

In den Kinos werden die Filme nicht an einem Stück, sondern auf mehreren Rollen verteilt angeliefert. Eine angelieferte Rolle ist maximal 20 Minuten lang.

Die erfolgreichsten Trickfilme der Kinogeschichte

Computeranimierte Filme auf dem Vormarsch

Die Beliebtheit von Trickfilmen bei den Kinobesuchern ist nach wie vor ungebrochen, was sich auch in den Einspielergebnissen von Zeichentrickfilmen widerspiegelt.

Noch immer an der Spitze der erfolgreichsten Zeichentrickfilme steht *Der König der Löwen* mit einem weltweiten Einspielergebnis von 783 Mio. US-Dollar. Seit dem Start im Jahre 1994 hat der 85-minütige Film in Deutschland eine Besucherzahl von über 11,3 Mio. erreicht. Der 1993 in den Kinos angelaufene Film *Aladdin*, den rund 6,3 Mio. Zuschauer in Deutschland gesehen haben, belegt Platz zwei. Mit 502 Mio. US-Dollar Einnahmen ließ der 90-Minuten-Streifen die Kinokassen kräftig klingeln. Nur knapp dahinter liegt *Tarzan* aus dem Jahre 1999. Die rührende, 84 Minuten lange Geschichte hat in Deutschland immerhin ca. 5,7 Mio. Zuschauer in die Kinos gelockt und weltweit 456 Mio. US-Dollar eingespielt.

In den letzten 10 Jahren zeigt sich bei den Trickfilmen ein deutlicher Trend hin zu computeranimierten Filmen, die mittlerweile eine ähnlich wichtige Stellung wie der Zeichentrick besitzen. In dieser Sparte hat der 2003 in den Lichtspielhäusern angelaufene Film *Findet Nemo* mit einem internationalen Einspielergebnis von 749 Mio. US-Dollar die Führung übernommen. 7,4 Mio. Kinogänger in Deutschland haben sich diese 100 Minuten Unterhaltung nicht nehmen lassen. *Die Monster AG* von 2002 hat weltweit immerhin 529 Mio. US-Dollar eingespielt und 3,3 Mio. Zuschauer in Deutschland 88 Minuten lang erfreut.

3 Lies den Zeitungsbericht sorgfältig durch und fasse die Angaben, die du darin findest in einer Tabelle zusammen.

Filmtitel	Länge	
Aladdin	90 min	

4 Das Einspielergebnis eines Filmes gibt an, wie viel Geld durch diesen Film in den Kinos weltweit eingenommen wurde. Üblicherweise wird das Einspielergebnis in US-Dollar, der Währung in den USA, angegeben.

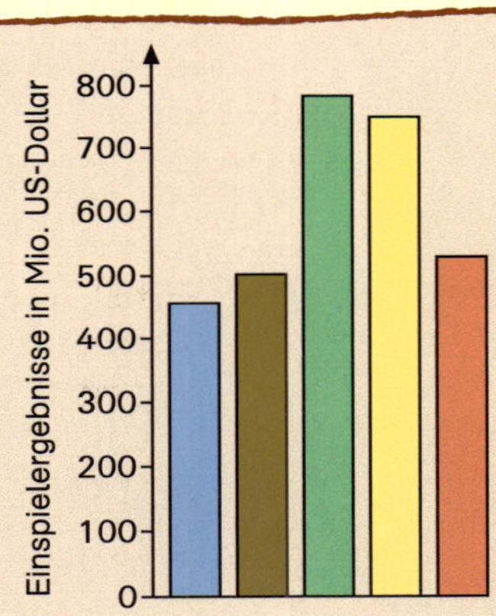

a) Ordne die Filme den einzelnen Säulen im Diagramm zu.

b) Vergleiche die Einspielergebnisse der Filme miteinander.

c) Finde heraus, wie viel Euro ein US-Dollar wert ist und gib die Einspielergebnisse in Euro an.

d) Zeichne ein Diagramm zu den Besucherzahlen.

5 a) Finde weitere Aufgaben und berechne.

b) Informiere dich über die Daten aktueller Trickfilme und vergleiche.

Daumenkino basteln

So kannst du ganz einfach selbst einen kleinen Zeichentrickfilm herstellen:

1. Du brauchst dazu ca. 10 Rechtecke (siehe rechts) aus weißem, nicht zu dickem Papier für die einzelnen Bilder deines Films und eine gute Idee (z. B. ein Auto fährt von rechts nach links).
2. Wie auf dem Filmstreifen links, dürfen sich deine einzelnen Bilder nur ganz wenig unterscheiden. Es ist sehr hilfreich, wenn man unter das zu zeichnende Bild, das vorhergehende legt, so dass man dieses ein wenig durchsieht. Nummeriere jedes Bild.
3. Hast du alle Bilder fertig, werden sie in der richtigen Reihenfolge übereinander gelegt und am linken Rand mit einem starken Tacker mit zwei Klammern zusammengeheftet.

Halbschriftlich rechnen – Körper

1

a) 1 · 7, 11 · 7, 2 · 7, 22 · 7

b) 10 · 16, 9 · 16, 8 · 16, □ · 16

c) 18 : 3, 180 : 3, 27 : 3, □ : 3

d) 1 000 : 9, 1 000 : 8, 1 000 : 7, 1 000 : □

2

LECKERSCHMECKER – PREISE

Semmel:	0,20 €	Weißbrot:	1,80 €
Rosinenbrötchen:	0,40 €	Mischbrot:	2,40 €
Schokowecken:	0,60 €	Vollkornbrot:	3 €
Milchbrötchen:	0,25 €	Nusshörnchen:	0,90 €
Brezel:	0,60 €	Amerikaner:	0,70 €
Brezel m. B.:	1 €	Quarktasche:	0,60 €
Kornspitz:	0,75 €	Plunder:	0,80 €

c) Svenja hat für 8 Berliner 5,60 € bezahlt. Wie viel kosten:

Anzahl	Preis
8	5,60) : 2
4	
2	
1	
10	
⋮	

d) Tim kauft 4 Schnecken und 4 Waffeln und bezahlt 4 Euro. Kim nimmt auch 4 Schnecken und eine Waffel und zahlt 2,20 €. Was kostet 1 Schnecke? Was kostet 1 Waffel?

3 Welche Netze sind Körpernetze? Überprüfe.

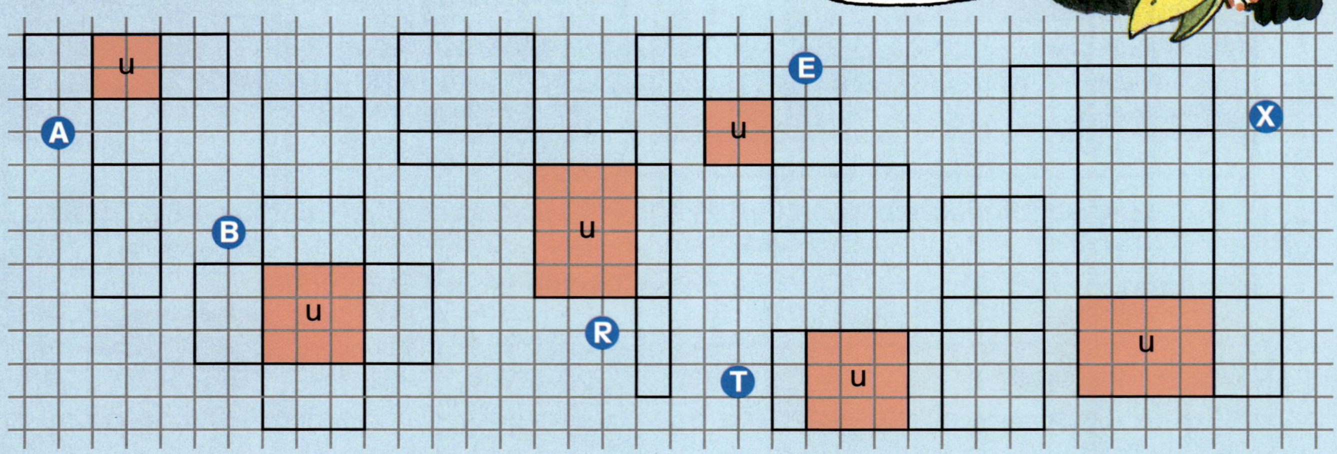

4 Wie viele Würfel passen in die Schachteln?

Auf Basis von Grundvorstellungen der Multiplikation und Division verständig und unter Ausnutzung von Zahlbeziehungen, Rechengesetzen und Rechenvorteilen mündlich und halbschriftlich rechnen; sachrechnerische Grundfertigkeiten im Bereich Geld entwickeln. Eigenschaften geometrischer Grundformen und die Wirkung zentraler geometrischer Operationen kennen.

Zahlen und Zahlbeziehungen bis 100 000

1

Stadion	Heimmannschaft	Plätze
Stuttgart **Gottlieb-Daimler-Stadion**	VfB Stuttgart	54 267
Bremen **Weserstadion**	SV Werder Bremen	43 087
Gelsenkirchen **Signal Iduna Park**	FC Schalke 04	61 524
Berlin **Olympiastadion**	Hertha BSC	74 228
München **Allianz-Arena**	FC Bayern TSV 1860	69 901
Hamburg **AOL Arena**	Hamburger SV	55 800
Köln **Rhein Energie Stadion**	1. FC Köln	50 997
Dortmund **Westfalenstadion**	BV Borussia Dortmund	81 264
Kaiserslautern **Fritz-Walter-Stadion**	1. FC Kaiserslautern	48 500

a) Welches Stadion hat die meisten Plätze?
b) Ordne die Stadien nach ihrer Größe. Trage die Zahlen in eine Stellenwerttabelle ein.
c) Schreibe zu jeder Zahl auf: Nachbarzehner, Nachbarhunderter.
d) Runde jede Zahl auf Tausender.
e) Welches Stadion passt?

A

E	T	Z	H	ZT
8	4	2	2	7

B

Z	E	T	ZT	H
0	0	8	4	5

C neunundsechzigtausendneunhunderteins

D vierundfünfzigtausendzweihundertsiebenundsechzig

E dreiundvierzigtausendsiebenundachtzig

2

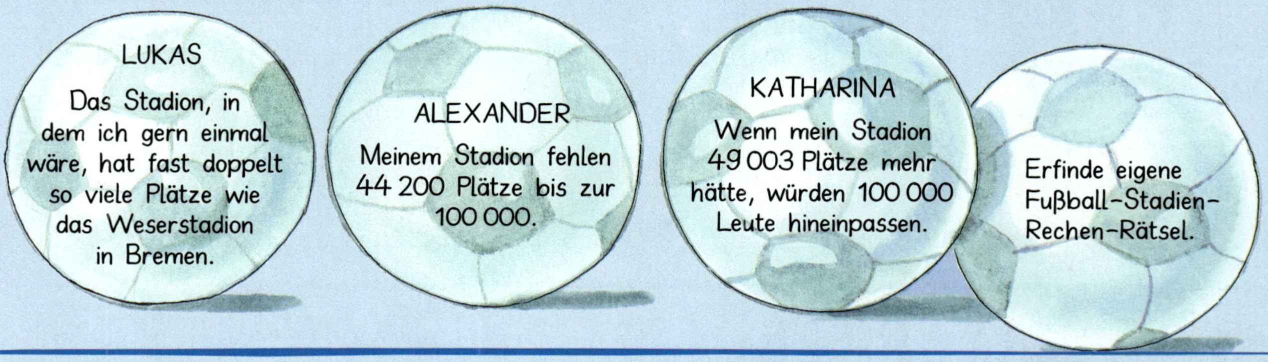

3 Im easyCredit-Stadion in Nürnberg gibt es die Nord- und die Südkurve sowie die Haupt- und die Gegentribüne. Im Stadion gibt es Sitz- und Stehplätze in verschiedenen Preis-Kategorien.
a) Berechne, wie viele Plätze es jeweils insgesamt gibt.
b) Wie viele Sitzplätze gibt es mehr als Stehplätze?

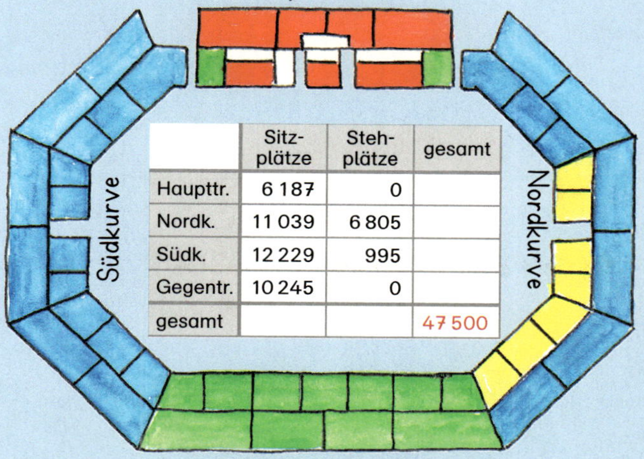

	Sitzplätze	Stehplätze	gesamt
Hauptr.	6 187	0	
Nordk.	11 039	6 805	
Südk.	12 229	995	
Gegentr.	10 245	0	
gesamt			47 500

Eintrittspreise

1. Kategorie:	40 Euro
2. Kategorie:	28 Euro
3. Kategorie:	17 Euro
Stehplätze:	10 Euro

Kinder von 5 bis 14 Jahren bezahlen die Hälfte.

c) 60 Erwachsene und 20 Schüler aus Berlin sitzen auf der Gegentribüne, Kategorie 2.
d) Tinas Vater bucht Karten für 2 Spiele. Zum 1. Spiel fahren 6 Erwachsene, zum 2. Spiel darf Tina zusätzlich mit. Für das 1. Spiel müssen 168 Euro, für das 2. Spiel 260 Euro bezahlt werden. Welche Preis-Kategorien hat er jeweils gebucht?

Daten aus Tabellen erheben und verarbeiten können; über Sicherheit im schnellen Rechnen verfügen – auch mit großen Zahlen; auf der Grundlage gedächtnismäßig verfügbarer Grundkenntnisse und auf Basis der Vorstellungen über die vier Grundrechenarten und ihrer Zusammenhänge im Zahlenraum bis 100 000 sicher operieren.

1

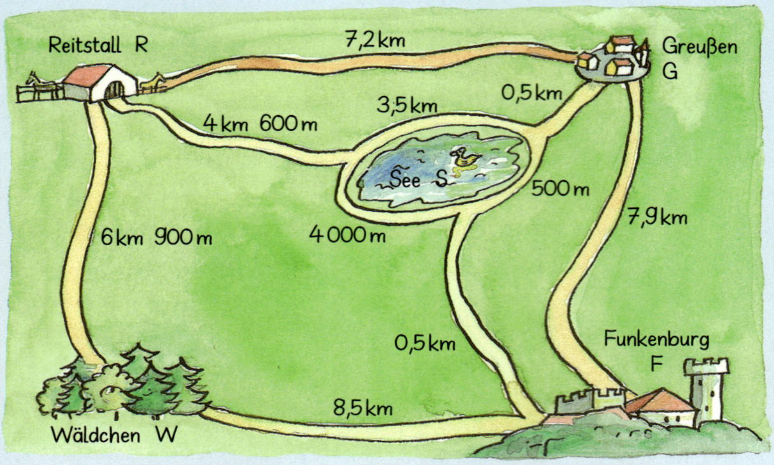

a) Mareike will vom Reitstall zur Funkenburg reiten. Welche Wege kann sie nehmen? Wie lang sind sie jeweils?

b) Finde den kürzesten Weg von Greußen zum Wäldchen.

c) Nils ist mit dem Fahrrad vom Wäldchen 11,5 km gefahren. Wo könnte er jetzt sein?

2 Liter und Milliliter: Was passt zusammen?

R	D	S	U	G	I	T
$\frac{3}{4}$ l 750 ml	1 l 1 000 ml	$\frac{1}{2}$ l 500 ml	4 ml	150 ml	4 l	$\frac{1}{4}$ l 250 ml

3

1 l = 1 000 ml = 500 ml + 500 ml
1 l = 1 000 ml = 500 ml + 150 ml + ...

4

a) Immer das Dreifache.

367	1 180
671	1 577
1 071	1 848

b)	c)	d)
4 050 · 5	21 605 · 4	1,48 € · 6
5 490 · 6	4 115 · 3	3,03 € · 7
927 · 7	13 973 · 6	11,52 € · 3
1 111 · 9	11 999 · 5	10,56 € · 8

5 Liter und Milliliter

a) Berechne die Zutaten für 6 (9, 15, 30) Gläser.

b) Wie viel benötigst du ungefähr für 8 (10, 13, 25) Gläser?

Wichtige Bezugsgrößen aus der Erfahrungswelt zur Lösung von Sachproblemen heranziehen können; über sachrechnerisches Grundwissen in den Bereichen Längen und Hohlmaße verfügen;

Schriftliche Rechenverfahren verstehen und sicher ausführen; problemangemessen überschlagend rechnen.

Sachrechnen – Gewichte – Schriftlich rechnen

1

a) Wie viele Kilometer fährt der Schoko-Express ungefähr in:
$\frac{1}{2}$ Jahr
$\frac{1}{4}$ Jahr
4 Wochen
2 Wochen
1 Woche (Mo. – Sa.)
1 Tag?

Zeit	km
1 Jahr	▢
$\frac{1}{2}$ Jahr	) : ▢

b) Wie viel Schokolade kann der Schoko-Express höchstens zuladen? Berechne in Tonne und in Kilogramm.

c) Ordne die Transport-Einheiten nach ihrem Gewicht. Beginne mit der Leichtesten. Schreibe in Tonne und Kilogramm.

d) Der Schoko-Express hat 9,250 t Pralinen geladen. Was kann er zuladen? Berücksichtige das zulässige Gesamtgewicht und überlade nicht.

2

a) Immer der 3. Teil.

309	7 338
726	8 214
1 062	8 631

b)	c)	d)
5 394 : 3	88 884 : 9	22 224 : 5
1 592 : 4	27 160 : 5	53 334 : 8
3 255 : 7	17 284 : 4	20 001 : 6
2 615 : 5	22 470 : 7	38 890 : 7

Wieder schöne Ergebnisse.

3 Kannst du die Diagramme erklären? Was zeigen sie? Wodurch unterscheiden sie sich?

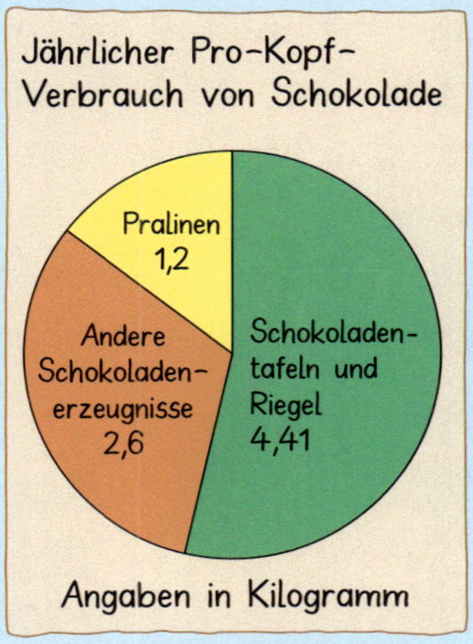

a) Wie hoch ist der Pro-Kopf-Verbrauch von Schokolade insgesamt (in kg/in €)?

b) Gib den durchschnittlichen Verbrauch für 7 Personen in einem Jahr von Tafeln und Riegeln (in kg/in €) an.

c) Berechne ebenso für deine Familie.

d) Berechne für deine Klasse.

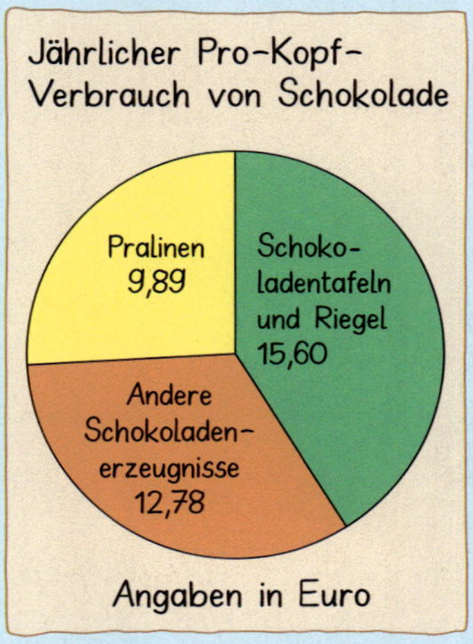

Die vier schriftlichen Rechenverfahren verstehen und sicher ausführen; Grundwissen im Bereich Gewichte in sachrechnerischen Situationen anwenden; Daten aus der unmittelbaren und der durch Diagramme repräsentierten Lebenswirklichkeit erheben, verarbeiten und darstellen können; Lösungen entwickeln, eigene Überlegungen darstellen.

1

a) Wie heißen die 8 Zahlen?

b) Trage sie in eine Stellenwerttafel ein und ordne sie nach der Größe.

c) Schreibe zu jeder Zahl auf:
Vorgänger und Nachfolger,
Nachbarhunderter,
Nachbartausender,
Nachbarzehntausender,
Nachbarhunderttausender.

d) Denke dir eigene Millionärs-Zahlenrätsel aus.

2 Im Kopf oder schriftlich? Der Goldesel produziert Goldtaler wie folgt:

a) Wie viele Taler sind das in einer Woche?

b) Die Stallburschen teilen die Taler wie folgt: Immer jeweils die Hälfte an den Chef. Die andere Hälfte teilen sie so unter sich auf:

Montags:		–
Dienstags:	an	5 Burschen
Mittwochs:	an	10 Burschen
Donnerstags:	an	6 Burschen
Freitags:	an	5 Burschen
Samstags:	an	9 Burschen
Sonntags:	an	2 Burschen

3

a) 115 000
\+ 5
\+ 50
⋮
\+ 500 000

b) 277 000
\+ 4
\+ 40
⋮
\+ 400 000

c) 876 500
– 100 000
– 10 000
⋮
– 1

d) 544 444
– 500 000
– 50 000
⋮
– 5

Gesicherte Vorstellungen von Zahlen und Zahlbeziehungen im Zahlenraum bis 1 000 000 sowie vom Aufbau des Zehnersystems besitzen. Auf der Basis der Grundvorstellungen über die 4 Grundrechenarten und unter Ausnutzung von Zahlbeziehungen, Rechengesetzen und Rechenvorteilen sicher rechnen.

Schriftlich rechnen – Symmetrie – Zeit

1 Schreibe richtig untereinander und rechne schriftlich.

a) Addiere jeweils 2 Zahlen.

b) Subtrahiere jeweils vom Gesamtbetrag.

2

a)	b)	c)	d)	e)
2 738 · 24 21	12 317 · 19 14	277 775 : 5 25	350 228 : 2 19	20 340 : 12 21
1 946 · 17 16	21 003 · 24 18	466 662 : 7 30	26 872 : 4 22	68 436 : 12 15
3 550 · 35 14	63 610 · 13 28	177 760 : 40 16	123 650 : 50 16	60 570 : 15 15
6 012 · 49 36	54 109 · 15 24	799 920 : 80 36	356 600 : 40 23	76 905 : 15 15

3

a) Welche Figuren sind drehsymmetrisch und welche achsensymmetrisch?

b) Gestalte ein Symmetrie-Bild, z. B. für deine Geburtstagseinladung.

4

a) Findest du 4 Fragen? Rechne und antworte.

b) Wie alt wirst du an deinem nächsten Geburtstag?
in Jahren:
in Monaten:
in Tagen:

c) Wie viele Monate und Tage sind seit deinem letzten Geburtstag (seit deiner Geburt) vergangen? Zeichne Pfeilbilder.

Die vier schriftlichen Rechenverfahren verstehen und sicher ausführen können. Die Wirkung zentraler geometrischer Operationen kennen.

Über sachrechnerisches Grundwissen und über Grundfertigkeiten im Bereich Zeit verfügen.

Klasse 4 im Überblick

Rechnen

Addition
addieren

```
  4 3 7 5
+ 2 8 4 3
   1 1
  7 2 1 8
```

Summe

Subtraktion
subtrahieren

```
   7 2
  8 3 2 9
- 5 8 4 2
  2 4 8 7
```

Differenz

Multiplikation
multiplizieren

```
2 4 3 8 · 3 5
    7 3 1 4
  1 2 1 9 0
        1
  8 5 3 3 0
```

Division
dividieren

```
  5 6 4 2 : 7 = 8 0 6
- 5 6
    0 4
  -   0
      4 2
    - 4 2
        0
```

Überschlag zu den 4 Rechnungen

Ü: 4000 + 3000 = 7000
Ü: 8000 − 6000 = 2000
Ü: 2000 · 40 = 80000
Ü: 5600 : 7 = 800

Runden

≈ ist rund 264 ≈ 260 264 ≈ 300
Bei 1, 2, 3, 4 wird abgerundet.
Bei 5, 6, 7, 8, 9 wird aufgerundet.

Größen

Geld

Euro € 1 € = 100 ct
Cent ct
13,09 € = 13 € 9 ct = 1309 ct

Längen

Kilometer	km	1 km = 1000 m
Meter	m	1 m = 100 cm
Zentimeter	cm	1 cm = 10 mm
Millimeter	mm	

13,25 m = 13 m 25 cm = 1325 cm
5,025 km = 5 km 25 m = 5025 m

Gewichte (Massen)

Tonne	t	1 t = 1000 kg
Kilogramm	kg	1 kg = 1000 g
Gramm	g	

1,250 kg = 1 kg 250 g = 1250 g
1,605 t = 1 t 605 kg = 1605 kg

Zeit

Tag		1 Tag hat 24 Stunden.
Stunde	h	1 h = 60 min
Minute	min	1 min = 60 s
Sekunde	s	

Zeitpunkt: 10.45 Uhr
Zeitdauer (Zeitspanne): 5 h 10 min

Hohlmaße

Liter l	1 l = 1000 ml
Milliliter ml	$\frac{1}{4}$ l = 250 ml
	$\frac{1}{2}$ l = 500 ml
	$\frac{3}{4}$ l = 750 ml

Geometrie

Symmetrie

Symmetrieachse

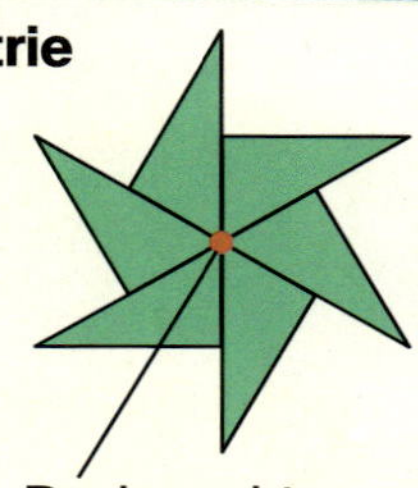
Drehpunkt

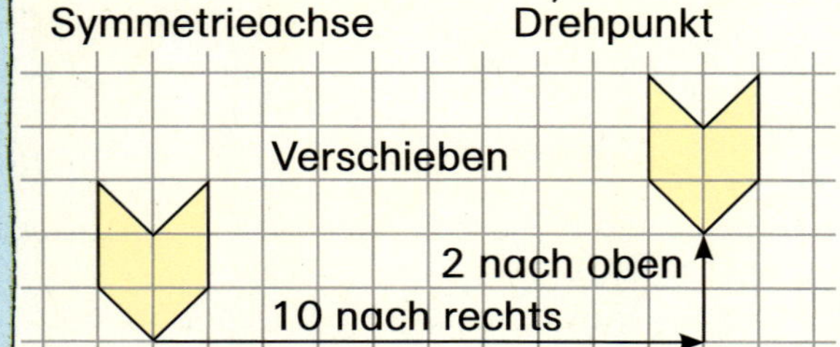

Körper

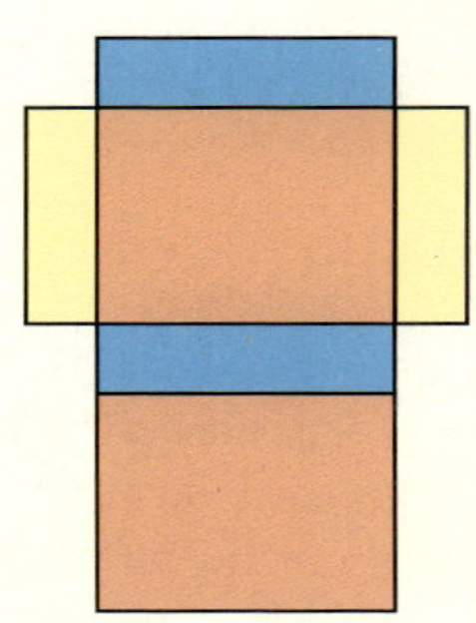
Quadernetz

2	3
2	1

Bauplan